终有一死的人生中构成生的循环，正如她在本书结尾处对"最终"的梦的评价："唯有爱神厄洛斯（Erōs）知道玫瑰会被种下且生长。"

2025 年 5 月 10 日

拉康派行知丛书编委会

主 编

潘 恒

副主编

张 涛　孟翔鹭

编 委

高 杰　　何逸飞　　李新雨　　骆桂莲

王润晨曦　吴张彰　　徐雅捃　　曾 志

第一章 梦作为典型且个体性的心理产物

1. 梦作为典型的心理运作。

2. 梦作为个体性的心理产物。直觉、亲历的知识和措辞表达是同一事实的不同方面。

3. 未知隐含在已知当中。从已知中揭示未知是一切有效释梦的基础。

4. 诗歌措辞的原则，以及它们派生自梦的机制，以梦的材料为例。

5. 语言的基础是暗喻（implied metaphor）①，这一事实的重要性可辅助释梦，以材料为例。

做梦是一种普遍的心理运作，无论是在原始人还是在受过教育的人群中都同样普遍。它是一项与生命自身密不可分的心理活动，因为只有在死亡状态下，梦才会完全消失。梦在清醒时也许不会被记起，但只要生命还在持续，潜在的心理活动就和熟睡时其他无法察觉的生理过程一样持续不断。梦可以被看作人类精神的典型代表。根据弗洛伊德的理论，无意识法则掌管着所有梦的产生，包括凝缩、移置、象征和次级加工。除了这些负责形成梦的普遍无意识法则，

---

① 暗喻是一种省略了本体的隐喻，也可理解为隐藏在词语中的隐喻。——译者注

他还提出了一个假设，即无意识精神作为持续的心理活动的源泉，在睡眠时用梦表现它的愿望。

梦用自身揭示无意识精神机制的演化，为了趋近当下文明所要求的行为规范，它们在发展过程中控制并塑造原初本能性的自身。

因此，关于梦（它是一种典型的心灵运作）的初步知识——梦的机制的相关知识和无意识象征的理论——对释梦而言是必不可少的。这种知识或许能从推荐的书籍中智性地获得，但情感上的确信只能来自个人的分析经历。

接下来我会转向梦的个体层面。尝试释梦时，除了我提到的知识，了解被释梦的个体也是必要的。尽管梦的机制、无意识象征和根深蒂固的原始愿望都是共通的，但梦仍然是个体心理取向的关键，这种取向与该个体在特定时期对特定环境的反应密不可分（梦暗示着个体所处的文化环境①）。梦境不仅蕴含我们的本能驱力，应用或调节这些驱力的机制的证据，还含有我们所拥有的实际生活经验。

梦应当被设想为一种从具体经历的存储中产生的个体性的心理产物，尽管梦者在意识中可能记不起，也不知道自己知道这些。组成新近梦境的内容的材料源于某些种类的经历。所有直觉性知识都是亲历过的知识。正如儿童的游戏是愿望和经历的证据，梦无论对意识来说有多么陌生，都仍然是个人经历的表达。我使用的"经验（experience）"一词不仅包括过去真实的事件，还包括伴随这些事件的痛苦和快乐的情绪状态以及身体感觉。

在这方面，人们可以将梦与艺术作品进行比较。对一位艺术家

---

① J. 斯图尔德·林肯，《原始文化中的梦》，1935 年。

来说，尽管他可能没有意识到过去的知识是他创造性想象的一部分，但被遗忘的经历似乎依然能以某种方式被触及，从而派上用场。例如，人们可以猜测，在伦勃朗（Rembrandt Harmenszoon van Rijn）的画作中，重复运用特定类型的布光是出于一种根植于已遗忘经历中的偏好；透纳（Joseph Mallord William Turner）在风景画（这些画的灵感来自地理上相隔甚远的乡村）中反复引入相似的桥。以下的分析材料可以阐明这一论点。

一位病人带了一幅自己画的素描给我看。他说这不完全是他所见景色的复制。毫无疑问，图画中的林地是他度假时欣赏过的美景。"但是，"他说，"那条峡谷中完全没有这个东西。"随后他指向峡谷中间的一块大石头。"那个，"他说，"是我自己的发明。我从没在眼前的真实景象中看到过那样的东西。"

在这个分析片段出现的十二个月后，我们正在对一系列的梦进行分析，其中的细节对目前的讨论并不重要。在这一连串梦中，每个梦里都出现了两个女性意象。探讨了这两个女性意象的含义后，他终于说："当然，我记得我见到第一个小女孩是在我四岁的时候。她和我同龄。除了不喜欢她，我不记得和她有关的任何事情。"然后他补充道："我已经多年没有想起我度过那个假期的地方，现在我想起了那里最奇怪的一件事。在那个地方有一块巨大的孤立的石头。所有到镇上的游客一定会去参观它。"

因此，四岁时被遗忘的经历首先表现为把一块大石头画进峡谷里的冲动。这位艺术家"发明"了某些东西。在意识中，他不知道自己曾见过那块大石头。进一步的分析表明，这块大石头本身被记住了，而他不喜欢那个小女孩的情感经历则被遗忘了。

同样地，梦的画布上的图像也包含了被遗忘的过往元素。梦是一种唤起对遗忘的经历的联想，将被遗忘的记忆及伴生的情感带回意识中的手段，这是梦在精神分析技术中的主要价值之一。

成功的分析会带来自我边界的扩展。这当中包括一种经由转移动力学实现的复杂的心理再调节。我们可以把自我边界的扩展设想为自我力量的增长，它在社会化团体中更能以理性且有效的方式忍受并处理本能冲动，自我力量增长的实现和无意识超我的调整呈正相关。

在分析过程中，梦帮助重构的不仅有过往具体的情感或幻想的情境，还有朝向分析师的情感与这些情境之间的关联。过去的重构使自我变得强大，个体不必再因自己或其他原因而否认或忽视过去。通过情感上的再体验和理解，过去得以被同化和掌控，人格也因对过往经历的重新评估而丰富。不仅心理自我得到扩展，身体力量本身也得到提高、恢复或发展。其中，性能力的获得与在现实世界中最大程度地获得心理效能的可能性相关。

在身体—自我运作受损的个案中，比如心因性耳聋和严重视觉缺失，我发现梦是一种非常有效的治疗手段。它可以指明在什么样的情况下，出于心理上的恐惧，听觉和视觉不得不被拒斥（denial）。这些梦能很好地帮助我们在转移情境中识别对过去的重复。

梦体现了无意识精神的无时间性。它丝毫不顾及现实中具有的时间和空间因素。本我能量的蓄水池为我们提供用于一切活动的力量，它对时间和空间没有感知。我们基本的生命不懂何为死亡。因此，那些顺利调节好心理的人在高龄时也极具生命力，而在心理没有被调节好时，早期发展阶段的心理固着会是长期且无处不在的。

在揭示牵制心灵的发展阶段和固着类型的分析性治疗中，梦同样是有效的手段。

我现在要从思考作为理解具体个人经历的变迁的手段的梦，回到本书的主题范围中来。

哪怕我用一整个章节讲一个梦，我也不企图对任何梦进行完整的解释。我会严格约束自己，仅依据病人在治疗过程中提供的实际材料进行分析。我希望呈现一般的分析工作中的材料样本。这些治疗过程中富含每一个胜任的工作者都希望从中发现的意义与启示，但同时也必须认识到，它们充斥着在心理模式的展开之中难以避免的晦涩。

在分析中我们可以说，自我对关于无意识精神的知识的吸收是心理过程的一个基本部分。有效的解释涉及一个原则：要揭示对一个个体来说隐含在已知当中的未知。这个原则是所有真正的释梦的基础。

根据揭示已知中隐含的未知这一原则，我建议沿着众所周知的诗歌措辞的特征这条康庄大道，接近梦的机制的主题。

诗歌措辞的法则最初并非源于美学批判，并非以激发诗人写出好诗句为目的。它们是从诗歌自身智性的批判性考察中构建和编纂而成的。这些法则是最好的诗句中内在的和固有的，因此可以被看作前意识和无意识活动之间最紧密的合作的产物。"我要唱是由于非唱不可，吹哨子只犹如红雀啼叫。"① 评论家从伟大的诗歌中发展出诗歌措辞的法则，弗洛伊德则发现了梦的构造法则，它们来自同一个无意识源头，并拥有许多共同的机制。

———————

① 引自丁尼生，《悼念集》。——译者注

诗歌措辞应当是"简洁、感性，以及充满激情的"[1]（弥尔顿），因为诗人的任务是传达经验。对他来说，传达的基本方式是声音，以及与声音相关联的能激发意象的力量。为此，比起罗列事实，诗歌措辞更倾向于表现生动的意象，它避开一般的用语而选择特殊的用语。它不喜欢冗长，并且尽可能地摒弃连词和关系代词。它用修饰语替换短语。通过这些方式，诗歌声色兼备，变成一幅生动的画。

诗歌中最简单的修辞手法是明喻［顺带一提，"修辞（figure of speech）"在这一讲的另一部分指的是暗喻］。明喻是指两个相异的事物借由一个共同属性而等同，通过"像"和"如"这样的词来表示其相似性。

> 她那双眼珠蓝得像亚麻花，
> 两颊像明艳的朝霞，
> 胸脯洁白，就像五月里
> 娇蕾初放的山楂。[2]

关系的相似性可以通过明喻来表达，比如"犁搅动土地，就像船划开海面"。一则浓缩的明喻被称为暗喻，"像"和"如"等词会被省略。在一组对象和另一组对象之间，可以建立关系的转移，比如"船犁过海面"。

我先暂且忽略梦的形成理论中真正的象征这个重要问题，只考

---

[1] 布拉德利、西利，《英国人的英语课》。
[2] 引自朗费罗，《"金星号"遇难记》，杨德豫译。——译者注

虑诗歌措辞中的明喻和暗喻；我会呈现一个梦，它非常简明地展现了明喻和暗喻的修辞，这从梦本身和梦者的阐述中都能发现。

> 我在一场音乐会上，但这场音乐会就像一种输送①。不知为何我看到音乐像图片一样在眼前经过。这些音乐图片像夜晚的船一样经过。有两种类型的图片：有着柔和圆顶的白色山峰，随后是高耸而尖锐的山峰。

在这个梦中首先有明喻："音乐会就像一种输送"和"音乐像图片一样在眼前经过"；在"夜里经过的船，在经过时互相交谈"的上下文中则有暗喻。梦者知道船暗指人类（它们交谈），尽管没有明确表达出来。

只有一个地方需要我们诉诸关于无意识象征的知识来帮助解释这个梦，即有着柔和圆顶的山峰和尖锐的山峰的图片。剩下的内容已经在明喻和暗喻中给出了。

我想指出关于这个梦的另外一些简单的事实。简单的事实并不缺乏深刻性，越是显而易见就越容易被忽略。首先，这个梦见证了真实的经历，即在图片或风景中确实看见过圆顶和尖锐的山峰，并且观看者在第一次看到这些图片的时候，把它们对应到了现实中看到的乳房和阴茎上。其次，它见证了婴儿在夜间想被喂食的愿望，以及婴儿看到父亲的阴茎时幻想它也是一个喂食的场所。"夜里经过的船，在经过时互相交谈"：从这里我们能读出梦的愿望。如同夜航

---

① 原文为"feeding"，该词同时有"喂食"和"传输、输送"的含义。——译者注

的船一般宏伟的父母，彼此之间很友爱。在他们充沛的供给中，婴儿是安全的。这个梦的辛酸之处在于，在现实中，病人正因挚爱的逝去而经受丧失之苦。这一丧失搅动了婴儿期的挫折和关于欲望的记忆。同时，也要注意音乐的重要性，这个无意识的选择是对受挫的口唇欲望的可能的升华。一位诗人这样表达：

假如音乐是爱情的食粮，那么奏下去吧。①

接下来，我会转到诗歌措辞中一种叫"人身暗喻（personal metaphor）"的手法上，它把个体的关系转移到了非人的对象上。②诗歌措辞会用到将人类活动转移给非人类的短语，比如"喋喋不休的溪流""叹息的橡树""蹙眉的山峰"。这一诗歌措辞手法是梦中无意识机制的衍生物。通过联想，梦中一条流动的小溪可以同时暗示尿液的流淌和谈话的流动。在梦中，树经常是个人属性转移的对象。梦者选中的特定的树具体对应着梦的目的。我发现，选择"月桂树（bay tree）"和"山毛榉树（beech tree）"是因为树所意指的人原本是在海边遇到的③；"杉树（yew tree）"表明将一个无意识意象（you）转移给分析师；一棵"松树（pine tree）"表明对树所代表的人的无意识渴望④；一棵"白桦树（birch tree）"是惩罚性的双亲的

————————

① 引自莎士比亚，《第十二夜》，第一幕。——译者注
② 作者此处提及的修辞手法易与拟人（personification）混淆。尽管这两种修辞手法都把人类的属性赋予非人的事物，但人身暗喻作为比喻的亚型，存在本体和喻体的类比，拟人则不存在这样的类比。——译者注
③ "bay"意为"海湾"，"beech"发音与"海滩（beach）"相同。——译者注
④ "pine"一词有"思念、渴望"的含义。——译者注

意象的表现 [①]；而一棵"苏格兰冷杉（Scotch fir）"不仅表示双亲的意象所属的民族，还表示观察到双亲体毛的被压抑的经历，它被无意识地比作"皮毛（fur）"。

转喻（metonymy）这一修辞手法的字面含义是"名称的变化"。在这一修辞手法中，一个经常或只是偶然和某物有关联的名称被用于表示该事物本身。例如，表示法律职业时我们会说"围栏（the bar）""长椅（the bench）"[②]，其他例子还有"羊毛垫/议长（woolsack）""椅子/主席（the chair）""皇冠/国王（the crown）"。转喻能带来话语表达的经济性，并能激起视觉想象力。在梦的机制中，它能协助审查机制的工作，因为梦的潜在内容关乎事物本身，而外显内容则涉及和它相关的事物。在梦中，"我从橱柜里拿了一块绸缎，然后毁坏它"，我发现绸缎本身没有激发重要的联想，然而"拿绸缎（take silk）"这个短语却激起了真实的情感性理解。因为"拿绸缎"是一个转喻的修辞手法，它意味着"被任命出庭"，即成为一名律师。[③]这个梦首层、浅显的含义是梦者对自己职业的憎恶，在后续的分析中，梦揭示了他对父亲的被压抑的敌意，他的父亲曾经是一名律师。下面是同一种修辞手法的另一个例子：梦者似乎认为，在她的梦中，一个婴儿刚刚出生，他的上半张脸是"靛灰色（slatey-coloured）"的。最后这个特征在梦中引起了

---

① "birch"一词有"惩罚、用枝条鞭打"的含义。——译者注
② "the bar"有"大律师"的含义；"bench"原本指法官坐的椅子，后用来指代法官。——译者注
③ "拿绸缎（take silk）"意为"被召见，为皇家律师"，皇家律师是英国律师的最高等级。——译者注

相当大的焦虑。当时的联想是和妇产科工作相关的经历，但这些联想没有激发情感。只要意识到"靛灰色（slatey-coloured）"在实际经历中与"石板（slates）"相联系（通过转喻）后，情感就被释放了。"石板"唤起了埋葬一个婴儿并把竖起的石板当作墓碑的记忆。病人还回忆起母亲的两个孩子的墓碑（他们在她出生前就去世了），以及关于母亲的子宫的幻想，这时情感伴随着回忆爆发出来，梦中未被辨认出来的愿望就更清晰了。

转喻修辞的另一个常见例子是"桌子"这个词的用法。我们说一个人有一张"好桌子"，是借此指一桌好菜而不是真正的桌子。① 暂且搁置象征的问题，关于日常语言用法的知识能正确地引导我们进行推断。梦见桌子至少表明和食物有关。第一张提供食物的桌子是母亲的身体。梦中的一件雨衣应当将我们的注意力引向它与水的联系。病人把梦中的水的视觉意象描述为"一片水域（sheet of water）"，这会直接引导我们把水和"床单（sheets）"关联起来。一张"椅子"应当引导我们注意坐在上面的相关的人，一条裙子则对应着穿着它的人的身体。关于梦的这种手法，下面是一个简单、有趣的例子："你坐在一把沙滩椅（deck-chair）上，戴着一顶水手帽。"让我们暂且不管无意识象征，只跟随转喻的手法。"一顶水手帽，"我的病人带着儿童式的坦率说道，"就是一顶属于水手的帽子，既然你坐在沙滩椅上，就意味着你代表水手。""什么样的水手？"我问。"好吧，我对我妈妈说过'你看起来像一个海盗'。""哪一个海

---

① 原文为"keeping a good table"，指主人妥善地招待了客人。——译者注

盗?"我问。"噢,我很确定是钩子船长(Captain Hook)①。"接下来我们围绕着海盗邪恶的行径展开了丰富的幻想。相比之下,"水手无意识地指代阴茎"这种单调的解释就相当贫乏了。在这个梦的两天后,病人正在思索她的指甲的保护作用这个问题。她忽然产生了一个可怕的念头:能掐进物体内部的是长长的指甲。"钩子船长"在她幻想的生活中仍然是一个活跃的刺激物!

关于释梦的技术,我在此做一个补充说明。你们会注意到我对病人提出的问题:"什么样的水手?""哪一个海盗?"之所以针对梦中的细节提问,是因为这些原则在诗歌措辞的法则中是外显的,在无意识的梦的机制中则是隐含的。诗歌措辞偏爱特殊而非一般的用语。在对梦进行解释时,我们也要在一般的用语里寻求特殊的参照,以便深入理解。因此,分析师不满足于病人从"一个水手"到"一个海盗"的联想,而应该用"哪一个海盗"这种具体的问题来深入探讨。我们要记住,潜在材料是个体特有的,即使关乎象征、象征符号本身也是对特定环境的指示。

提喻(synecdoche)是一种用部分指代整体的修辞手法。我们会说一支"帆"队,一间容纳许多"人手"的工厂。诗人说:"噢,那是鱼,是海草,抑或少女的头发?"这意味着,如果那是头发,诗人就看到了一个少女被淹死。②在前文引用的音乐会的梦中,"部分"意指了"全体"。乳房和阴茎被象征性地代表,但完整的身体仍然体现在"夜里经过的船"这一意象中。转喻和提喻的手法在恋鞋癖的

————

① 《彼得潘》中的反派人物。——译者注
② 引自查尔斯·金斯利的诗歌"The sands of Dee",讲述的是一个少女在傍晚去找牛,却被海浪卷走的故事。——译者注

案例中皆有呈现。脚的含义被转移到鞋上，而在分析过程中人们会发现，脚作为身体的一部分，不仅能承载身体其他部分的属性，还能代表完整的身体。以下是取自梦的材料的进一步的例子。"一朵红繁缕花"①唤起了关于乳头的潜在幻想。"一丛带刺灌木"和"一丛黄杨树篱（box hedge）"代表阴毛，而阴毛本身会唤起对被遮盖的女性生殖器的潜在幻想。"黄杨树篱（box hedge）"一词非常恰当，"盒子（box）"本身就是阴户的常见象征。

当选用的词语的发音能反映含义时，就用到了拟声（onomato-poeia）这一修辞手法。我们的语言中富含这类词语，而梦会频繁使用它们，因为心灵可以动用我们早期的个人经历，那时发音曾一度与含义混淆。个体在对语言的习得中，会重复语言自身的发展历史中的东西。在梦中，单一的字母能承载与婴儿期的经历相关的最原始的发音。我非常感谢一位病人提供了下述有趣的梦的材料作为佐证。她叙述的梦里有"K.OH."这几个字母的组合，它和化学有关。在和我讲述这个梦时，她说了"S.O.S."而不是"K.OH."。然后她这样纠正："我不小心说了 S.O.S.，我原本要说 K.OH.。"梦中"K.OH."这一分子式最终经由联想透露了"Ka.Ka."这一含义，它是儿童用来表示粪便的词语。到头来，最使人感兴趣的是无意中说出的"S.O.S."，因为"S.O.S."在当今是用来表示危急的信号。结果"S"是尿液不经意漏出时的嘶嘶声，而"O"是儿童在这种意外发生时发出的不情愿的痛苦的声音。词源学研究引导研究者推测，动词"是

---

① "scarlet pimpernel"是指琉璃繁缕，此花为淡红色，考虑与后文的"乳头"相呼应，故译为"红繁缕花"。——译者注

图书在版编目（CIP）数据

梦的分析：精神分析实践手册／（英）艾拉·弗里曼·夏普（Ella Freeman Sharpe）著；朱晓婕译. -- 桂林：广西师范大学出版社，2025.7. --（拉康派行知丛书）. -- ISBN 978-7-5598-8446-6

Ⅰ. B845.1

中国国家版本馆 CIP 数据核字第 2025JN8120 号

梦的分析：精神分析实践手册

MENG DE FENXI: JINGSHEN FENXI SHIJIAN SHOUCE

出　品　人：刘广汉
策划编辑：李　影
责任编辑：伍忠莲
装帧设计：李婷婷

广西师范大学出版社出版发行

（广西桂林市五里店路9号　　　邮政编码：541004
网址：http://www.bbtpress.com　　　　　　　　　）

出版人：黄轩庄

全国新华书店经销

销售热线：021 - 65200318　021 - 31260822 - 898

山东京沪印刷科技有限公司印刷

（山东省淄博市桓台县唐山镇中心大街3871 号 - 1　邮政编码：256401）

开本：890 mm × 1 240 mm　　　1/32

印张：5.125　　　　　　字数：118 千

2025 年 7 月第 1 版　　　2025 年 7 月第 1 次印刷

定价：45.00 元

如发现印装质量问题，影响阅读，请与出版社发行部门联系调换。

拉康派行知丛书

梦的分析
精神分析实践手册

Dream Analysis:
A Practical Handbook for Psycho-analysts

[英] 艾拉·弗里曼·夏普 著

朱晓婕 译

苏子滢 校

Ella Freeman Sharpe

L A C A N

广西师范大学出版社
·桂林·

目　录

译者序

　　艾拉·弗里曼·夏普（Ella Freeman Sharpe, 1875—1947）在国内精神分析领域鲜少被提及，但她在英国早期的精神分析运动中扮演了极其重要的角色，是英国第一批训练分析师[①]中最具影响力的人之一。和其他地方一样，英国的精神分析团体也有其自身的发展与分裂。在 20 世纪 20 年代，夏普与当时伦敦大部分的精神分析师一样支持梅兰妮·克莱因（Melanie Klein）的理论，并反对安娜·弗洛伊德（Anna Freud）的理论，直到 30 年代早期。待到维也纳学派与克莱因学派展开两次讨论（1942 年、1944 年）之时，夏普对克莱因学派的态度早已有微妙的转变，她与中间学派（或称独立派）建立了更为密切的联系，并在讨论中贡献了自己的观点。

　　夏普认为，一名分析师的临床实践被其内在思维的内容以及思维的灵活性塑造，这一描述相当符合她自己的人生经历。夏普年轻时学习过戏剧与诗歌，在 1916 年以前，她一直都是一名教师。在这之后，她开始进行个人分析，并于 1923 年（一说 1921 年）成为英

[①]　作为训练的一部分，分析师候选人要进行个人分析，有资质对候选人进行训练性分析的分析师被称为"训练分析师"。

国精神分析学会的分析师。在五十多岁时，她前往维也纳，开启了第二段个人分析。成为分析师后，夏普一直在写作，并致力于分析师的训练工作。对梦的分析与解释是精神分析工作的重要面向，与西格蒙德·弗洛伊德（Sigmund Freud）《梦的解析》那样深刻、复杂的鸿篇巨制不同，《梦的分析》是夏普为指导临床工作所写的手册，她在其中对梦进行了分类，用大量临床片段为其理论做注脚。理论的兴衰并不仰赖于时代，而是取决于它在多大程度上触及了真实。本书首次发行于 1937 年，历经近一个世纪，至今仍具有教学价值。对文学与教育事业的热爱，赋予夏普在临床和写作上独特的视角。凭借对母语的细微体察，她发现了无意识与语言之间的关系，并以修辞来阐释梦的诸机制，此时距离雅克·拉康（Jacques Lacan）提出"无意识像语言那样构成"还有近二十年的时间，夏普也因此被视作弗洛伊德与拉康之间的桥梁。阅读夏普的著作就如同与她对话，她的写作风格简明、平实且旁征博引，她的教学态度开放而不教条。拉康曾这样评价她："她要求分析师（对各种知识）无所不知，这样才能正确理解被分析者话语的意图，在这一点上她非比寻常。"

夏普的一生充实且多产，她见证了战争带来的创伤，并在变幻莫测的年代里坚持传递知识与智慧：她走向知识，成为一名教师；她走向精神分析，成为一名训练分析师。她写道："在个体有限的生命中，在有限的时间、空间与环境中，我通过我的工作体验了极为丰富的生活……也许正是因为这个，我最感到高兴的就是选择了精神分析，人类的各种经验成为我的一部分，而在这份工作之外，这些经验是我在终有一死的人生里无法体验或理解的。"获取与传递在

（to be）"的现在时态，即"是（is）"——它大概是我们最基本的词语之——的起源是对真实的流水声的模仿，因而它意味着"生命""存在"。因此从这个梦以及一个不经意的"S.O.S."中，我们看到了一个纯粹口语形式的、关于被遗忘的童年的焦虑处境的戏剧化的例子。"S.O.S."，这个如今被海上航船用来表示危急的信号，在其简洁的形式中包含了大量意料之外的含义，一般用于表示和水有关的危险处境。

被称作"排比（parallel）"和"对照（antithesis）"的修辞手法，在梦中可以借由图像实现。对照可以用位置的对立来传达，比如"我坐在她对面"。排比可以用位置的相似性来传达，比如"你坐在一张椅子上，你旁边坐着 X"。即使是对这一简单手法的理解，也能在解释中直接发挥作用。因为，如果"你"指分析师，而"X"是分析师不认识的人，那么无论病人就"X"说了什么，都将在某种程度上适用于"你"。

短语重复（repetition of phrases）是一种用于巩固、强调的修辞手法。这一方法在梦中的应用是对一些梦的元素的重复。

现在我会对暗喻这一修辞手法做更详细的考量。我们大部分的日常语言是暗喻。通过与有形的和可见的事物建立关系，无形的和不可见的事物得以被描述。用来表达精神和道德状态的词语是基于精神和肉身之间的类比。要说明这一点，只需要少量的例子，比如"惊人的想法（a striking thought）""丰富的知识（a wealth of knowledge）""精神食粮（food for thought）""完美无瑕的品质（a spotless character）""苦思冥想（a brown study）""火暴的脾气（a hot temper）"。听觉的强度低于味觉、触觉和视觉，当需要用形容词描述声音时，较弱的感受会向更丰富的感受借用词语。因此，我们能从这类对声音的描写中看到暗喻，比如"甜美的声音（a sweet voice）""刺耳的尖叫声（a piercing scream）"。词语在个体和种族层面都具有转移的历史，在我们第一次听到它们的语境发生转移时，它们就指向某些明确的感性意象。词语会获得第二层含义并传达抽象的观念，但就储存了我们过去的无意识而言，词语不会失去我们首次听到并使用它们时所具有的具体含义。词语的个体性由它过去和当下的含义组成。因此，梦的价值不仅在于通过外显内容发掘潜在材料，还在于叙述梦和进行联想时所使用的语言，它们本身就有助于阐释。除了自我表达带来的种种心理价值，自我表达所使用的语言本身也会透露出含义。为了充分利用这一点，我们需要记住，除了次级含义，词语还隐秘地承载着原初的含义。我们需要对它们的历史性过往足够敏感，并且要意识到词语的历史性过往时常会传达说话者的历史性过往。以下是两个简单的例子。"我梦到了 X，他是被他妈妈宠坏（spoiled）的心肝。"病人这样说，是说 X 娇生惯养。她使用的是"破坏、宠坏"的次级含义。对儿童而言，它另外的含义是"被损毁、弄脏、毁坏的"，正如在词源学层面，这个词意味着"剥皮或损伤"。能记得这一点的分析师很可能会比记不得的分析师更快地接近梦的含义。下面是另一个例子。"我梦到我在推测（speculating）股票交易（stock exchange）。"病人最初的联想涉及股票和股份的主题，但"推测／观看"这一词语提示分析师，它所指示的原初活动是看。"股票交易"也出于同样的原因值得深入考虑。再次重申，将病人的注意力引向对梦的详细阐述，其巨大价值在于它给分析师以机会，去根据病人选择的具体词语更全面地释梦。思想的桥梁被名称来回跨越[1]，而名称具有多重的变体。我们要记住，梦引出的词语隐含、囊括了多种含义，相比之下科学词语的含义是最专一的。以抽象的形式表达的梦只有在被形象地转译时，才能在分析中有所助益。我们必须抵达词语在次级含义之下所隐含的原初的含义。鉴于它们的起源，具体的用语比抽象的用语包含更加丰富的联想。

　　暗喻的知识让我们掌握了分析抽象的用语的关键，现在我会从暗喻转向对具体的用语本身的考虑。我先想请你们留意，无意识思维擅长双关语的艺术。如果从梦和对话的双关语中，瞥见我们最初通过语音途径学会的词语，我们能更准确吗？只有偶尔通过梦和零星的记忆，我们才能对这种语音的复杂情况有一点洞察。它把一种观念带给了新的词语，新的词语的发音和我们最初听到的词语相似。我们有一个富饶的领域等待考察。我们需要记住，一个词语的发音和它最初的含义会隐含在另一个有着类似发音但含义不同的词语或短语中。下面是一个例子："我梦到了爱奥那大教堂（Iona Cathedral）。"这不只是一个双关语的例子。它是使儿童习得语言的历史碎片。当梦者在儿时第一次听到"爱奥那"这个词，在他听来，这句话的意思是"我拥有一座大教堂（I own a cathedral）"。我很感激这位病人，他还给我提供了下述记忆：他的父亲承诺给他带一本《古罗马叙事诗》（*The Lays of Ancient Rome*），而这个儿子以为父亲要给他一份鸡蛋作为礼物。[2]

---

① 乔治·威利斯，《言语的哲学》，1919 年。
② "lays"同时有"叙事诗"和"下蛋"的含义。——译者注

我会继续举一些例子，它们说明了口头表达的重要性，以及我们对语言习得的语音层面的觉察在何种程度上能帮助我们认识词语的重要性。我们同样要记得，措辞表达和亲历的知识是同一个事实的两个面向。下面是一个绝佳的例子："我和狗狗即将走到一片园地（allotment）上，但我被警告说这很危险。踩在那片园地上似乎是危险的，仿佛它有传染性。"我只会给出几个相关的联想。对病人而言，传染性暗示了"口蹄疫（foot and mouth disease）"。梦里的其中一只狗似乎是灰猎犬。病人在童年早期相继有过两个玩具——"灰兔子（grey bunny）"和"长狗（long dog）"。"口蹄疫"立即暗示了儿时的一种把脚放进嘴巴里的游戏。然后病人告诉我她曾经有过便秘。仅凭这个对身体的提及，以及上述给出的联想，我们也能相当快地推测被她遗忘的童年插曲中的经历和幻想。认真听"园地（a-llot-ment）"这个词①，而不是以我们现在对这个词的理解去思考和想象它已获得的专门的含义。通过这个词，便能轻易理解这个梦。下面是另一个例子。"在梦中，"病人说，"有一个庭院（courtyard）。"为了阐明我现在的首要主题，即一个词语隐含不同含义的重要性，我会略过梦中很多具体的细节。例如，这里的"庭（court）"②（在含义上）暗示"求爱（to woo）"，但它的发音会暗示"被抓（caught）"一词。对病人而言，"庭院"这个词并不指示以上两个含义。不必说，分析师也没有提出这两个含义，直到病人

---

① 作者没有给出"allotment"拆分后的同音词，联系前文中提到的"便秘"，此处的"a-llot-ment"有可能是"a-lot-excrement"，意为"许多排泄物"。——译者注

② "court"一词用作动词时还有"求爱、求偶"的含义。——译者注

在接下来的分析中说了如下的话："上个周末，我去了 X 位于某郡的家。他有一个封闭式小花园，要经由一扇特别的门进去。我进去后关上了门。当我要返回时，发现门被锁住了，除了翻过一道有刺的墙，没有其他方法出去。"关于"求爱（courting）"的危险的无意识幻想也就触手可及了。

　　"我有一种'压抑（depression）的感觉'"是最近一位病人的开场白。这一次的分析涉及的都是关于女性生殖器的焦虑。最终我毫不犹豫地指出，他正在处理关于童年某个时期的事件的被压抑的情绪，他真的曾在字面上感觉到一个小女孩生殖器的"凹陷（depression）"①。"我觉得，"另一位病人在回忆梦中的食物带来的刺激时说，"当我想到我曾经吃过的食物时，它好像和粪便有点关系。""你从哪里感觉到的？"我问。"好吧，我是说，我还在想这件事。"他答道。但即使在他说话时，他的手指仍然不自觉地互相摆弄着。过去的经历就在他的手指当中，关于触摸粪便这一早期经历的知识就储存在手指之中。在一个案例中，病人过度专注于外部的真实兴趣，我只能依赖以下这些短语，来激发不为意识所知的隐含的幻想和记忆。"我必须开始制作那件衣服了，但我不得不说我对这个念头充满了恐惧（filled with horror）。""充满了恐惧"的最终含义是对身体内部的可怕东西的可怕幻想，即关于怀孕的骇人幻想。"在梦里，"另一位病人说，"我正在拔出一枚锡钉（tin-tacks）。"在一番遁词后她返回梦的话题并回味"锡钉"这个词。"它们还有什么其他名

———

① "depression"一词除了"抑郁、沮丧"的含义，也有"凹陷"的含义。——译者注

字吗？""螺钉（screws）？""不对。"她指的不是"锡钉""螺钉"，或者"铆钉（rivets）"。在一阵停顿后，她暂且提出它们可能叫"钉子（nails）"。我们会意识到，过去的某个时刻，当她第一次听说这些尖头的小铁块叫作"钉子/指甲"时，和她自己的指甲有关的情感思维、幻想和行为随后都被转移到了它们身上。这也是她无法记起"钉子"这个词的原因。

一位病人在她关于阅读报纸受到抑制这个问题上启发了我。她反复向我哀叹："我这一周都没有看过（read）报纸（paper）。我不知道最近发生了什么。我一眼都没有看过报纸。"在这次分析过程中，一个看似偶然的联想让她想起她正在来月经。然后她开场的话题出现在我的脑海中："我没有看过报纸。我不知道最近发生了什么。"我随后意识到"红色（red）"的发音最初会被儿童与色彩感觉联系起来，而后来使用的"看（read）"的过去式或过去分词会携带着这个发音最初的含义。[1] 于是我被带到了关于真实经历的线索上，也就是在厕所看到带经血的厕纸（paper）时，这一景象引发了焦虑。我们因此就能够理解"我不知道这个世界上正发生着什么"的更深层次的含义。

一位病人告诉我他梦到了"一顿饭，有一块西冷牛排（sirloin）正在被切开"。在病人的特定成长环境中，"先生（sir）"是这种家庭中常见的礼貌用语，我有些怀疑"一块西冷牛排"对他而言一度意味着"一位先生的腰部（loin of a sir）"。

如果病人梦到了海，那么重要的元素不仅仅有水，还要记住

---

[1] "read"的过去分词与"red"发音相同。——译者注

"看（see）"和"海（sea）"的发音是一样的，看的主题也相当重要。有人也许会根据自己关于符号的知识，猜测"码头（pier）"在梦中意指阴茎。但我发现，如果人们记得"码头（pier）"和"窥视（peer）"的发音相似，就能更快地联系到人的经验，"窥视"意味着"看"，而在海边可以找到"码头"，在那里有许多观看的机会。

"在我的梦里，这顿饭结束了（all over），我感到生气。"一位病人说。她继续展开说："如果有人因为饥饿还想继续吃饭，那么我会感到烦乱（upset）。"这个梦的线索在于，病人在详述梦境时用"烦乱"替换了"结束"。① 婴儿情绪的"烦乱"是伴随着具体事件的。

"三明治（sandwich）"是一个有趣的词。它有时可以指代婴儿躺在父母之间的那段时间。我发现，一个鱼糜三明治可以指婴儿放在父母中间的什么东西。吃掉一个三明治可以象征对父母双方的吞噬。但我发现在一个梦里，只有当联想到关于海边的"沙子（sands）"的记忆时，"三明治"这个词才能被充分地解释。"哪（wich/which）"这个词不仅代表了关于生殖器的询问、男孩与女孩之间的差异，还代表了女孩身上"女巫（witch）"心理的发展潜力。

一位病人告诉我一个伴随着大量焦虑的有意思的梦：她害怕有蝙蝠从自己要坐的便盆里飞进她的肛门。我当时的兴趣并不在于幻想中的象征，而是通过对梦的联想，可以追溯这个和明确的疾病有关的幻想的出现时间。在她患上"流感（influenza）"的那段时间，

---

① "all over"既有"结束"的含义，又有"到处、浑身"的含义。而"upset"有"烦乱"的含义，也有"弄翻、搅乱"的含义。此处指的应是婴儿打翻饭菜的无意识记忆。——译者注

我推测她还在受焦虑性神经症之苦。她那时能意识到的恐惧是坐在便盆上时会被水溅到。她当时显然还不知道"流感"这个词。儿童只能理解"流感 / 飞（flu/flew）"的发音。因此"流感"成为她无意识幻想的载体。在梦中有着对蝙蝠飞进她肛门的恐惧，我们因此可以推测"enza"对她而言意味着蝙蝠，而蝙蝠又关联着可怕的无意识幻想。

在有宗教教养的家庭中，"赞美诗（hymn）"这个词最初指的必定是一个男人。[①] 一位病人在十六岁时变得沉迷于丁尼生的《悼念集》。一个梦表明了这首诗的格式：它把诗节划分为一组一组的，无意识地与一本赞美诗集的排版相关联。童年时期的赞美诗是对仁慈天父的赞颂。青春期的《悼念集》是对丧失的好客体的赞扬，因此代表了对好客体的心理保留。

梦中"奔跑（running）"的意象经常能被解释为排尿经历的象征[②]，它先于儿童使用自己的双腿奔跑的能力，排尿的身体动作或"运动"远早于空间上的移动。当一位病人不断重复短语"坠入爱河（falling in love）"来表达他对自己的恋爱关系的焦虑时，通过把"坠入"这个短语看作对真实的"落入（falling into）"的畏惧，我们可以找到丰富的幻想的关键。如果梦中出现叫"燕子（swallow）"的鸟，人们应该记住，梦者首次听到"燕子 / 吞咽"这个词时，它和食物相关联。"击打 / 抚摸（stroke）"这个词有许多的含义。它同时有"凶猛"和"慈爱"的含义。我曾有三位病人在

---

① "hymn"的发音与"him"相同。——译者注
② "running"又有"流淌"的含义。——译者注

童年早期经历或目睹过有人"中风（strokes）"。一位病人自己经历过"中暑（sunstroke）"，另外两位病人则目睹过成年人突发"惊厥（stricken）"。在每一个案例中，"击打"这个词都承载着情感上的含义。在一个案例中，早期的情感移置落在了早年书法课的"上扬（up-strokes）"和"下撇（down-strokes）"之中，这让书写的学习成为一个迟缓且痛苦的过程。我了解到教书写时用到了"扭曲难看 / 挂钩（pot-hooks）"一词，导致书写受到阻碍。

一位病人在梦到"覆盆子（raspberries）"后，想起自己小时候吃了覆盆子后呕吐。除了从经验分析进行推论，还有一条信息可以作为理解的线索：在病人家里，覆盆子被称作"rasps"。"刮擦 / 刺耳声 / 锉刀（rasps）"这个词唤起了数个记忆，比如猫的舌头的"触感"，逆向抚摸猫的毛时的"触感"，一种叫"锉刀"的工具的"触感"，最后还有覆盆子本身有"绒毛"这一事实。通过这些联想就不难理解，和"刮擦"相关的无意识幻想引起了儿童的呕吐。我从好几位病人那里得到佐证：儿童会相当字面化地解释"舌苔 / 长毛的舌头（furred tongue）"这个短语。

梦中出现的"跷跷板（see-saw）"由于其隐含的身体运动，会将我们导向手淫的主题，但"看见（see-saw）"也会表明手淫和视觉之间的联系，这在具体的性经验史中可能很关键。以下是一种对幻想的形成的有趣的洞察。一个孩子开始明白他的父亲每天要进城是因为他是一名"股票经纪人（stockbroker）"。对他而言，这个术语最初意味着他的父亲参与了"破坏货物（breaking stock）"。后来这个孩子听到父亲谈论"寡妇（widows）"保险。他不知道"寡妇"是什么。他能给出的最接近的含义是"窗户（window）"。因此他根据自己掌握的事实得出的逻辑推测是，他父亲在城里的工作是把"窗户打碎（breaking windows）"。等到他理解"寡妇"是指女人时，这一无意识幻想仍然牢不可破。

如果梦中的事件发生在一个"客厅（drawing-room）"或一个"休息室（with-drawing-room）"里，我们可以预料"画 / 抽取（drawing）"这个词可能很重要。首先能想到的含义通常是用铅笔或者蜡笔绘画，但最终我们可以根据身体的过程来揭示梦的终极含义，比如从某处吮吸或者吸出来。只要我们不满足于最先给出的含义，即使是具体的用语也能为我们提供帮助。

梦为它的戏剧桥段挑选的合适的地名，有时也有助于对梦的阐释。伯恩茅斯（Bournemouth）、巴茅斯（Barmouth）、威尔士（Wales）、梅登黑德（Maidenhead）、弗吉尼亚湖（Virginia Water）、海德公园角（Hyde Park Corner）、智利（Chile）、斯皮恩山（Spion Kop）、里昂角落餐厅（Lyons' Corner House）、考文特花园（Covent Garden），是这类地名的几个典型例子。①

人名，包括教名和姓氏同样有用，它们有时直接在外显内容中给出，有时间接地作为外显内容的对立面出现。比如"夏普（Sharpe）"这个名字，在梦中经常用"平地（flat）"或者"公寓楼（block of flats）"来表示。②更多的例子，比如"西摩先生（Mr. Seymour）""阿特沃特先生（Mr. Attwater）""佩恩女士（Mrs. Payne）"，这些明确的名字都曾为具体地释梦提供过帮助。

---

① 以上地名存在谐音 / 同音异义的情况。——译者注
② "Sharpe"是作者的名字，其发音与"sharp"相同。"sharp"意为"锋利的"。"flat"同时有"平坦、平地和住宅"的含义。——译者注

　　因此，梦有着双重的价值：它是理解无意识幻想的关键，也是进入记忆和经历的储藏室的钥匙。无意识愿望和幻想可以反映婴儿期的一切经验。为了探讨那些从潜在的梦思、从经历与冲动的无意识库存中造出梦的机制，我详述了诗歌措辞所采用的原则和手法，因为这些原则恰恰承载着与梦的机制同源的印记。我已经说明了，在释梦的时候，可以从这样一个简单的事实中获得帮助：思想的桥梁被名称来回跨越，且语言的基础是暗喻，以及我们都是以语音的方式习得自己的母语的。

第二章　梦形成的机制

1. 凝缩的法则。

（1）潜在的心灵冲突及其选取的适当心理素材的力量。

（2）凝缩的法则在所有精神活动中的重要性。

（3）对凝缩进行加工的价值。

2. 移置。

移置的不同方式及示例。

3. 象征化。

（1）典型的和个体的象征。

（2）服务于爱和恨的冲动的象征。

4. 戏剧化。

游戏、梦和戏剧。梦是在心灵中投射和掌控焦虑的尝试。

5. 次级加工。

从隐梦到显梦的变形是由具体的机制实现的。弗洛伊德将它们命名为凝缩、移置、戏剧化、象征化和次级加工。我们现在将更详细地考量每一个机制。

凝缩

一个梦不仅会激起对当前事件和情感的联想，还会唤起过去不同阶段和境况下的记忆、幻想和情感。以下是一个简单的例子：一位病人梦到自己看见一艘用海象当作"龙头（figure-head）"①的灯塔船。被梦激发的联想首先让他想起上周末经历的一次艰难的海上航行。在那次航行中，他见到了真实的灯塔船和救生圈。在暴风雨中，他看到它们被汹涌的海浪冲刷着，这给他留下了深刻的印象。它们就像一个个人头，水从它们的鼻孔中涌出来。病人首先想到的是在沙洲密布的水域中航行的危险。在这次艰难的航行中，他有充分的理由庆幸自己把地图熟记于心，因为他是这艘船的船长。

"海象"这个具体的细节唤起了他对幼儿园时期墙上挂的一幅图表的记忆。这幅图表上有各种动物的插图。他清楚地记得其中有一只海象，它有两根巨大的长牙。这幅图表像地图一样镶嵌在卷轴上，因此地图和图表在这位病人的脑海中被关联起来。图中的海象在生活中也有对应物：幼儿园的孩子管大家庭中的一位年老的女仆叫"海象"。她长了两颗巨大的犬牙，根据幼儿园的传说，它们一直在生长，她必须定期去牙医那儿把它们锯短。这位病人在风暴中穿越泰晤士河的"河口（mouth）"，展示了自己承受并幸存于外部危险的能力。

我在此并未给出对梦的解释。除了上述内容，梦中还有其他元素，但我已经说明"海象"这一细节如何凝缩了一系列记忆，包括当下的灯塔船和救生圈、当下的航海图、教室墙上挂的印有动物的图表，还有外号叫"海象"的年老的女仆！

其中，有些潜在含义尚待探索。例如，我们注意到，在"墙上的地图（wall-map）"、"墙上的图表（wall-chart）"和"海象

————

① 在船头起装饰作用的雕像。——译者注

（walrus）"中，"墙（wall）"这个元素一直在重复。"龙头（figure-head）"的含义是什么？在这一节的分析中，显然丰富的潜在含义还有待发掘。

病人在单次会谈中就一个梦所说的一切，都无法体现出潜在思想，正是后者引发了梦的外显内容。分析师的任务是去筛选、联系和辨识反复出现的主题，并判断阻抗形成时对这些主题的回避、偏题后向它们的重新回归。

可以用一个具体的画面来阐明梦中大量的潜在思想、记忆和幻想的凝缩。假设上百个由不同材料制成的小物件摆在桌上，如果沿各个方向拖拽一块磁铁使其从中穿过，那么所有铁制的物品都会被磁铁吸住。因此，我们可以把各种动态的无意识意向设想为磁铁，它们会在过去和当下的经历的积累中收集相关的特定经历。这类经历涵盖的范围广泛，从当下的情境延伸到婴儿期。

弗洛伊德在梦的形成中发现的凝缩机制还有更深层次的有效性和重要性，它不仅是梦的活动的一个特征，还与所有心理功能不可分割，无论是有意识的还是无意识的。

首先，我会用一个来自其他领域的关于心理活动的鲜明的例子来表明我的观点。它和科学中对法则的发现相对应。柯勒律治（Samuel Taylor Coleridge）的《古舟子咏》（*The Rime of the Ancient Mariner*）是在很短的一段时间内写成的，其语言和构思几乎和我们现存的版本一样完美。多亏了柯勒律治的研究者约翰·利文斯通·洛斯（John Livingston Lowes）[1]，他巨细无遗地阅读了柯勒律治遗留的作品笔记，

---

[1] 约翰·利文斯通·洛斯，《通往上都之路》，1927 年。

从中我们不仅能追溯催生出诗歌主题的创作活动，还能勾勒出催生诗歌格式以及主题背景设定的凝缩法则。整首诗是一个庞大的凝缩，它将上千个图像、柯勒律治读过的几十本书中的情感基调融为一体。这个统一体从凝缩的心理机制中产生，受到无意识意向的吸引，而这种兴趣是一切智力活动的源泉。这首诗的创作过程十分迅速，展现了凝缩法则在意识层面下的运作。我们在科学家那里也能看到同一种心理过程的运作。智力活动的动态运作，根植于潜在思想的驱动兴趣，这些思想会导向对一定范围的外部现象的观察。科学家最后从无数的特性中揭示出关于外部宇宙的理论或真相，而在其研究成果中，凝缩的机制扮演着和它在诗歌作品中一样的角色。因此，我说弗洛伊德的发现比我们最初以为的更加重要。它是所有心理运作中不可或缺的过程，无论是有意识的还是无意识的。

根据这一认识，我接下来要作出进一步的阐述。关于自然和外部宇宙运作的科学理论会时不时被废弃、调整或改变，这是由于先前不为人所知的事实必须被辨识出来，从而可能使先前的结论失效或需要被重述。可观察的资料范围越广，就越有可能进行有效的推测。每个人能观察到的事实范围都是有限的，但在某一时刻，观察事实和接受事实所受到的特殊限制，是情感上的困难造成的。一个人根据可获得的事实得出的结论，是出自他作出的选择，而非现实中可获得的事实。在选择中，被忽略的和被囊括的东西同样重要，正如对科学家的公式来说，未被观察到的资料也许最终会推翻其结论。也就是说，被观察到的事实本身可能会引向错误的结论。

上述内容与凝缩这一主题相关联，因此十分重要。在梦中，潜在思想、记忆和经历的凝缩得以展现。通过对潜在思想进行勘探，我们得以把幻想、经历和情感的环环相扣的链条中的一部分带入意识。通过分析能唤起实际经历的记忆和情感，能把过往错误的结论，以及我们未能知晓或接受的现实中的事实带入意识。也就是说，自我扩展了它的边界。结果是，凝缩的无意识机制得以在范围更广的经验中运作，我们的智力活动也因此较少被主观选择支配，我们也能免于在无意识愿望和恐惧的支配下草率地得出结论。

移置

在梦中，移置现象表现为把一个元素置于显梦关注的突出位置，而这个元素在潜在思想被唤起时，是最次要的。另外，外显内容中最无关紧要的细节可能会导向最重要的潜在思想。同样在梦中，情感可能和最不重要的潜在思想相伴，而强烈的潜在思想在外显内容中是以情感基调最微弱的元素来表现的。弗洛伊德称之为"对一切价值的反向估值（transvaluation）"。

当情感的强度和理智的内容不协调时，梦中频繁出现的怪异效果可以归根于移置。

我会给你们举两三个梦的例子以展示移置的机制。一位梦者讲述了如下内容："我身处一个名为 X 的地方的沙滩上，显然我正要去游泳。"这个梦有着令人愉快的情感基调。在分析中，他想起了许多关于 X 地的记忆，它们的主旨是病人是一位出色的泳者。在讲述 X 地的游览经历的间隙，他说："X 在海湾的东侧。"在他第三次重复这一事实时，我问："为什么你要重复 X 在东侧？那你熟悉西侧吗？"一阵停顿后，他告诉我海湾西侧有一个名为 Y 的地方，但在他们一家去 Y 地时他还很小，当时他还不会游泳。随后我得知，他第一次去那里是在五岁那年。然后，他记起了一个关于 Y 地的重要事实：当他在沙滩上时，曾有两具尸体被冲上岸。

从西侧到东侧的移置的效果是：他在显梦中没有不适的感觉，因为他是一个熟练的泳者，不会溺水。在游泳这一升华的形式中，暴露癖是可接受的。潜在思想揭示了关于尸体的不安的记忆。在那时他还不会游泳。这些记忆让病人想起小时候尿床的经历。与尿床相关的排尿攻击性幻想，最终与他对溺水的恐惧联系起来。

下面是另一种类型的移置。梦者醒来时满怀喜悦，反复念叨着这样一句话："空虚的无物也会有了居处和名字。"① 梦者醒后花费几分钟思索这句话，然后领悟到了梦中的潜在思想，"居处"是肛门，"空虚的无物"则是"风"。然而在分析中，情感性的记忆集中在"放屁"这个词上，它所引发的羞耻程度和那句话带来的愉悦感相当。在诗歌措辞中，这种移置被称为"委婉语（euphemism）"。对"放屁（fart）"一词的进一步分析揭示了更早的移置。他想起自己还是一个五岁的孩子时，睡前会对着母亲大声背诵主祷文。有一次，他的母亲打断了背诵，让他再次重复某些词语。他重复道："我们天上制图的父（Our Father which chart in heaven）。"当他被告知复述错了，他发现很难理解"我们在天上的父（Our Father which art in heaven）"② 这一正确的句子。在分析中，"图表（chart）"一词唤起了印在长卷上的乐谱的记忆，这是学生上声乐课时会用到的。这就是他在祷告时想到的音乐记谱法。"是 / 艺术（art）"一词对

---

① 引自莎士比亚，《第十二夜》，第五幕第一场。——译者注
② 古英语"art"同"are"。——译者注

他没有意义。分析表明，把"ch"放在"art"前面组成他能理解的"chart"一词，也是一种防御机制，用以避免联想到"放屁（fart）"这个禁词以及它所代表的含义。他提到的"图表"一词以及唱歌的含义，为我们提供了一个"被压抑物的回归"的例子，一种对声音的升华的兴趣。

我要感谢另一位病人提供的有趣的心理经历。她是突然从这个梦里醒来的。"我正站在一条街上仰望一扇开着的窗。一个女人站在那儿。我只能看到这个女人的头和肩膀，还有她衣着整齐的上半身。"这位病人已经熟悉梦的理论，她对突然的清醒很感兴趣，想道："这样的一个梦里会有什么东西让我醒来呢？"她睡着后再一次突然醒来。这次她梦到她在房间里面，这是她前一个梦里在街上从窗户那儿看到的女人所在的房间。梦者现在是一个孩子，在地板上抬头往上看，这次不是从正面看到女人的头、肩膀和脸，而是看到她的后背，她的身体赤裸着：这是一个关于童年早期的卧室场景的被压抑的记忆。前一个梦通过颠倒实现了空间的移置，在这里得到了巧妙的展示。

在后续的梦中，移置是通过我之前阐述比喻时提到的两种方法达成的：转喻和提喻。在转喻中，一个和事物相关的念头会代表事物本身。

一位病人梦到他在打"保龄球（a game of bowls）"。通过"盛粥的碗（bowls with porridge）"这一联想，我们发现了这个游戏的含义：这些碗的形状暗示着厅室，还暗示着幼儿园里装尿液和粪便的壶。这种机制也曾体现在另一个梦里：梦者对一个新生儿呈现的"靛灰色（slatey-coloured）"的样子感到焦虑。"靛灰色"这一性质代表"石板（slates）"，在梦中，它促成了从联系着真实情感的石碑出发的移置。

以下这个梦呈现了与看似不重要的元素相关联的强烈情感。病人梦到自己看见"一件普通的黑色斑点女式面纱盖在一个膝盖上"。病人带着对这件面纱难以言喻的恐惧和厌恶从梦中醒来，这一外显内容带来的畏惧是如此强烈，以至于她需要过一段时间才能谈起它。她后来发现，这一可怕的幻想并不是和面纱有关，而是和面纱之下的东西有关。首先想起的一系列记忆和她母亲的腿有关，她记得腿上穿着弹力袜，她害怕这双肿胀的腿会把袜子撑破。这个例子的要点在于，情感被移置到了遮盖物上，而不是事物本身上。

下面这个梦引起了快乐的情感。其原因在于移置的成功，即一个快乐的记忆被覆盖到了不愉快的记忆上。这个梦是这样的："醒醒，醒醒，醒醒。这里是莫尔道河（the river Moldau）。温塞斯拉斯国王曾在这里生活，还有，这是长在查尔斯·狄更斯的花园里的樱桃树。""樱桃树"就是一个移置的例子。病人想起，当她得知自己有了一个小妹妹的时候，她正在一棵樱桃树上荡秋千。"醒醒，醒醒，醒醒"则混合了不愉快和愉快的记忆，既有被叫醒去撒尿，也有在圣诞节清晨愉悦地醒来去找圣诞礼物。病人想起了关于温塞斯拉斯国王的故事：国王踏上了给穷人送礼物的旅行。她谈到狄更斯的《圣诞颂歌》，里面的一个吝啬鬼改变了心意，慷慨地赠送东西给有需要的人。在圣诞节这个故事中，她记得圣子基督是作为礼物被送给谦逊的处女玛利亚的。这里，希望得到一个孩子作为礼物的梦的愿望浮现了。更深层次的关于尿的幻想和身体的经验也有所体现，尽管在那一次会谈中未被阐明；从病人对"莫尔道河"这一刺激物的联想中可以看出这些迹象。"莫尔道（moldau）"这个词不断让她想起"模具（mould）"，铁铸模具，以及尿液渗进床垫后留下的污渍。①

移置也能通过以局部替代整体的方式得到巩固，这在修辞中被称为"提喻"。举一个例子来说明。一位病人梦到了令她兴高采烈的场景，缘由是一个婴儿即将出生。她知道衣服已经准备好了。她也想带一些自己的礼物。于是，她把一双婴儿拖鞋放进装有备好的衣服的抽屉里。正如你们会猜到的，这个梦唤起的童年的回忆和猜测关联到她幼时在竞争对手出生前的准备工作。她想起她曾把一双红色的鞋归还给弟弟，她曾经很喜欢那双鞋，想把它从弟弟那里夺走——想到这个，梦的第一个含义就出现了。接下来，她对弟弟阴茎的嫉妒，以及从他那儿夺走它的欲望显露了出来。最后，我们发现了她在母亲怀孕时曾经非常愤怒的证据，以及她把孩子从母亲身体里夺走的欲望。在梦中，我们看到了以局部替代整体、用相关的事物代表事物本身的机制，比如用鞋代表脚，用鞋代表阴茎，到最后，用鞋代表整个孩子。显梦内容中的"归还"揭示了从母亲那儿把孩子夺走的潜在欲望。在这里，我不是要对实际的梦作出完整解释，只是解释一次谈话触及的内容。

我已经通过阐释在街上看到女人站在窗口的梦，阐明了通过颠倒达成的移置，但并不是所有的梦者都会乐意提供第二个传达了真相的梦。我们会发现，有些类型的颠倒的梦很难阐释。

常见的颠倒机制体现在这样的手法中：它们表现的是发生在

————————
① "mould"也有"霉菌、使某物发霉"的含义。——译者注

"外部"的事件，但所有相关联想都指向该事件必然发生在"内部"的结论。"顶部"通常代表了对"底部"的移置，而"之上"是对"之下"的移置。我之前讲到，那个关于海象船头的梦伴有关于航海中的风浪的危险的联想，这些联想最终指向了关于下半身的洞口而非头部的幻想，也就是说，它是一个"傀儡（figure-head）"。尽管实际的外显内容给出的是头部的外在表象，但真正情感性的潜在内容关乎"内部"而非"外部"。在这个例子里，汹涌、危险的大海这一"外部"现实，对应着关于身体"内部"的危险的焦虑幻想。

接下来要讨论的这种梦境类型展现了一种有趣的移置。"我正在爬大楼外面的阶梯，攀爬过程中，坠落的危险变得迫在眉睫，因为阶梯开始消失了。"这个梦的含义颇为明显，它是手淫、勃起和消退的象征。但它也可以象征在爬行时有内容物从身体内"掉落"出来这一真实的婴儿期的经历。

在涉及被压抑的同性恋倾向的病人的梦中，颠倒可能采取一种复杂的模式，在梦的外显内容中完全不明显。下面就是一个例证。"我正和一个女人谈话，她向我透露她和一个叫'休斯（Hughes）'的男人有一个私生子，并问我是否仍愿意和她结婚。"外显内容说明一个男人是一个女人的情人，这个女人给他生了一个私生子。这个复杂的梦的线索，在这次谈话的前十五分钟就被给出了：他反复提到那些颠覆传统观念的男人，比如"爱泼斯坦① 颠覆了老旧的艺术构想（turned old conceptions of art upside down）"。"构想 / 受

---

① 可能是指让·爱泼斯坦（Jean Epstein），法国印象派电影导演，电影理论家；或是指雅各布·爱泼斯坦（Jacob Epstein），美国雕塑家和画家。——译者注

孕（conception）"①一词的具体含义和"上下颠倒（upside down）"这个说法联系在一起，立即指向了关于肛门分娩的潜在幻想。我把"休斯"解释为"谁的（whose）"，它指向梦者自身对私生子身份的无意识幻想，因为他就是梦里的"休斯"。梦者在现实生活中对声音很敏感，他对这一无意识双关语的解释表现出明显的抵触情绪。

下面的梦通过一个简单的移置，展现了许多苦涩经历的凝缩。"我给了 X 老医生一个银色的纸球。"银色的纸让病人想起巧克力的外包装。他的母亲经常吃巧克力，这个孩子则收集它们的包装。X 医生从孩子出生起就在照料他。在他五岁那年，他接受了包皮手术、扁桃体手术。在扁桃体手术的麻醉过程中，X 医生说："我有一些好闻的东西给你闻。"事实证明，它们闻起来令人作呕和窒息。在成年早期去看牙医时，这位病人给医生一个礼物，并说道："这是一根雪茄。"牙医接过后，发现它是折叠的。"你瞧，"病人说，"我给了他一个假货，他却以为这真的是一个礼物！"

象征

扭曲潜在思想主要是由象征实现的。我之前让你们注意过修辞中的一般象征，它和精神分析理论中严格意义上的象征的区别在于，后者建立的等同关系中的一方处于无意识精神领域。明喻直白地说这个像这个，暗喻是两个已知事物的等同，但要理解真正的无意识象征，我们必须找到被压抑的等价物。

精神分析的经验已经向我们表明，被象征化的思想与我们实存

---

① "conception"同时有"概念、构想和受孕"的含义。——译者注

的基本且核心的元素息息相关，这些元素包括我们的身体、生命、死亡和生殖。这些基本元素涉及我们自身，以及我们所属的家庭。对我们来说，它们毕生都保留着最初的重要性，能量也是从它们流向各个衍生的想法的。

> 那些最初的情意，那些模糊的往事，
>
> 如何称谓暂且不管，
>
> 那是我们一生的光源。①

象征只在单一维度出现，源自无意识心理领域，象征符号是被压抑的无意识内容的表征。

奥托·兰克（Otto Rank）和汉斯·萨克斯（Hanns Sachs）这样评价象征："象征中性含义的普遍存在，不能仅根据以下事实来解释：没有其他本能像性本能那样服从于社会的压制，于是它需要间接表征，并极易受其影响。这也是因为象征的起源中有一个种系发生学的事实：性器官及其功能在原始文明中被赋予了极大的重要性。"② 这表明了象征的演化论基础。

象征符号的含义的变体极其有限，正如相隔甚远的国家的神话所展示的，恒常性是各领域的象征的一个突出的特征。

欧内斯特·琼斯（Ernest Jones）认为，象征必须用个体的材料被重新创造，这一固定模式要归咎于人类长久存在且根本的兴趣。

---

① 引自华兹华斯，《不朽颂》。——译者注
② 《精神分析对人文学科的重要性》。

个体可以从一系列可能的象征符号中进行选择，或者像弗洛伊德指出的那样，用未被使用过的象征符号代表一个想法。

在克莱因女士的研究的推动下，英国各种面向儿童的集中研究都证实了琼斯的观点①，尽管这个观点早在这些研究开展之前就被提出了。每一个个体都在重新创造象征，他创造的这些象征符号与他所处的环境密不可分，正如船之于海员，犁之于农夫，飞机和臭弹之于现代城镇居民。在这方面，很多年前一个十四岁的女孩简洁地向我表明了象征的真相。她写过一篇关于"童话故事"的短文。她这样总结道："世界上所有的童话故事明天就被毁灭也没关系，因为在孩子的心中它们永远都会涌现出来。"

关于这种个体的象征符号，我会举几个例子。在一位病人的联想中，我发现鱼塘是他主要的象征化方法中的一个难以抗拒的选项。鱼本身、钓鱼的消遣活动、抓鱼的不同方法，全都被用于象征化。依据情境的需要，鱼可以代表粪便、孩子、阴茎。病人从婴儿期到青春期都住在一个庄园里，那里有一个大鱼塘。我的另一位病人有一整套关于帆船的幻想在运作。这位病人从婴儿期到青春期有相当长的时间在海边度过，在分析中用到的最主要的象征就是帆船。

我遇见过的另一则个人象征是织布机和梭。四方形的织布机被等同于床，旋转的梭则是阴茎，丝线是精液，用丝线织出来的布料是孩子。对这一特定象征符号的采用可以追溯到病人生命的头一年。事实是，她在一岁时和父母一起探望住在乡下的大姨。那时，父亲、母亲和孩子睡在一张四柱床上。这一次和之后的童年时期，她多次

---

① 《论精神分析》，第七章，第 154 页。

被带到这个街区看织布机。在后来的童年时期，她记得自己是如何为飞速转动的梭着迷的。在她的幻想中，坐在织布机前弯腰工作并转动着梭的男人的重要性，完全替代了婴儿期在四柱床上目睹的场景的含义。

此外，从一定程度上来说，我在其他病人那儿并未发现丝线、绸缎、棉布、细绳具有重要含义。她在婴儿期和青春期反复做的噩梦就和细绳有关。丝线是乳汁、水和精液的常见象征，但我会说，只有在外部环境提供了特别的刺激时，才可能在分析中专门选择它。和织布工作有关的活动无一不呈现为无意识幻想的象征。

梭象征着阴茎，梭上连着的丝线象征着精液，而依靠梭的转动编织出的布料象征着孩子。梭上的丝线崩断（在实际织布时会导致工作暂停），则象征着阉割。

另一位病人说他出生后在一栋房子里住了很多年，距房子不远处有一座山，半山腰处有一块虽然小但明显的高地。尽管要等到童年晚期，他才有攀登这座高地的真实经历，但病人告诉我，在一个梦中，他显然把这座高地当成父母膝部的象征符号，并且将童年更早期的情感事件转移到了这座高地上。

我有过一次关于典型的梦的象征的有趣的分析经历，这个典型的梦的象征在分析中忽然重新变得真实和生动起来。梦者是一位五十多岁的女人。这个梦相当简单。"我在一列火车上，它开到站台后我下了车，然后我看到从车厢下来的其他人在站台上。我在车上从来没看到过他们，也没有看到他们下车或上车。"在意识层面，她对这个梦的感受是无聊。她评论道："我不知道为什么我要梦到这么无趣的事情。"她转向了其他主题。在分析大约进行至中途时，她

"碰巧"提到了关于前一晚看过的电影的话题。她开始对"米老鼠"表现出浓厚的兴趣，描述了"米老鼠"如何跳进长颈鹿的嘴里。她说："长长的脖子上有一连串向下的窗户，人们可以全程看到'米老鼠'的行动，看着'米老鼠'进入长颈鹿的嘴里并从里面出来。"我意识到，孩子在第一次看见火车的那一刻是感到新奇且兴奋的。孩子看不到那些从火车上下来的人是怎么上火车的。在这种情况下，火车可以成为人类身体的象征符号。

尽管象征符号对我们来说可能是固定模式，但它们依然见证了人们对新颖、刺激的内在和外在世界的最初兴趣。给出这些例子是为了支持这一事实，即尽管被象征化的欲望在根本上具有一致性，但个体仍然能根据个人的材料创造新的象征符号，并作出选择。

戏剧化

另外两个我还没讲到的梦的机制是戏剧化和次级加工。粗略地说，戏剧化就是在显梦中对行动或处境的表征，它是从潜在思想中衍生出来的。由动态图像组成的影片被投射到我们内在的私人影院的屏幕上。这种戏剧化主要由视觉图像实现，尽管有时也会出现听觉表征。梦中的戏剧化是向具体形象思维的回归，就像我们举的诗歌措辞的例子那样。梦者有时会成为梦境戏剧的参与者，有时则作为旁观者去体验。当梦者明显只是在旁观时，会有一种看着自身之外的事件发生的主观体验。梦的叙述者谈论梦中的意象，就好像它们是真实的客观存在，在梦中像那样行动和说话。梦者没有察觉到梦是自己的创作。克莱因曾指出儿童的梦和他们的游戏是多么相似，在分析中，儿童也会把梦中出现的元素表演出来。在游戏中，儿童不仅克服了痛苦的现实，更是凭借向外部世界的投射，掌控他们本能的恐惧和内部的危险。①

　　将本能和内部的危险移置到外部世界不仅使儿童能掌控自身的恐惧，还能让他们做好更充分的准备，去对抗这些恐惧。弗洛伊德曾说梦是睡眠的保卫者。我们会认为梦中的戏剧化是在心灵内部对焦虑的投射与控制，以及对刺激的主观管理。

　　戏剧的起源与梦有相同的素材基础。如果根据剧作家的内心世界来分析一部戏剧，我们会发现情节和所有参与其中的角色都是剧作家自身特质的反映，是剧作家向想象的人物的投射。在历史戏剧中，被选中的人物都是那些可以承载投射的，代表剧作家头脑中的内部精神冲突的角色被投射到他们之上。梦是艺术发育的母体。"构成我们的料子也就是那梦幻的料子。"② 梦的世界是舞台的世界，在那里，每晚"一个人在一生中扮演着好几个角色"③。

　　正如克莱因表明的，在儿童心理分析过程中，儿童通过表演梦、构建理解，以及扮演不同的角色来展示其内心世界。④ 对成年人而言，对梦的探索可以达到同样的目的，这也是分析梦的价值所在。内部的戏剧被客观化，故事的背景被带到当下，在分析室里，戏剧中的不同角色经常在分析师和病人之间迅速翻转，比任何善变的演员所能表演的都更加迅速。

　　戏剧的建构受制于艺术本身固有的条件。时间压缩是其中一个

---

① 《儿童精神分析》，第 8 页。
② 引自莎士比亚，《暴风雨》，第四幕第一场。——译者注
③ 引自莎士比亚，《皆大欢喜》，第二幕第七场。——译者注
④ 《儿童精神分析》，第 176 页。

因素。舞台上三小时内呈现的故事也许涵盖了现实中的数年。也许戏剧本身是一出悲剧，它可能表现了一连串的灾难，而且是最可怕的那种，但它作为"艺术作品"，仍能带来满足感和极度的愉悦。艺术将自己的法则施加于故事的原材料上，通过一些策略，比如华美的语言、韵律的法则、对称与平衡，创造出和谐统一的创作整体，把不和谐化为和谐。

我们在某些梦中能看到一种失败的戏剧。不同的梦的机制试图用冲突力量的原材料，以及蕴含着多年历史的素材，来制造一个梦，一个类似于我们在戏剧的升华中看到的统一的产物，一种力量的平衡和对情感的中和。当这种平衡与中和未能达成时，梦会留下一种扰乱人心的不愉快的情感或焦虑，它类似于我们在不完美的真实戏剧艺术中体验到的东西，它使我们的情绪要么过于痛苦地波动，要么无法作为整体来集中。

我会举几个戏剧化的简单例子来说明不同角色的分配如何在人格化中体现心灵中彼此冲突的部分。一位病人梦到自己和妹妹站在一座坟墓旁。妹妹正悲伤地抽泣，而梦者则责怪她过于感性。病人告诉我这座坟墓被"瑞香（daphne）"花丛环绕，而她妹妹的名字是"达夫妮（Daphne）"，显然正是达夫妮被埋葬于此。对处理死亡的竭力尝试，体现为妹妹本人在梦中的真实在场。同时它也体现为梦者既希望向妹妹表明让她别碍事的愿望，又希望压制妹妹因这个愿望而感到的悲伤。死亡愿望也通过对妹妹本人的认同来被加以处理，因为病人的联想表明，她曾一度批评自己过于感性，当时她对一个不熟悉的女同学的死表现出了明显的悲伤。我们还要注意，这座坟墓被生机勃勃的瑞香花丛环绕，这一事实告诉我们，这个在很大程度上被多重因素决定的梦不仅神奇地满足了死亡愿望，还满足了对起死回生的力量的憧憬。

下面是另一种类型的例子。病人交代了一个梦："一位朋友来找我，并说：'凤头鹦鹉最近如何？'不知为何，我知道朋友指的是一个人而不是一只鸟。我在梦里说：'你说的是谁？我不明白。'他说：'当然是你的分析师。'"梦者随即说："我非常震惊并斥责了他，然后说我从来没有像这样谈论过或者想过我的分析师。"除了管分析师叫凤头鹦鹉这一点，对这个梦的进一步分析又指向了更重要的信息，但就目前来说，这个梦不仅简单地体现了将心灵的不同部分戏剧化为不同的人格，还展现了一种同时表达冲动和审查机制的利落方式。

在让被压抑的记忆和幻想重见天日的分析过程中，梦会根据目前的冲突，积极地在病人与分析师之间分配角色。例如，在首次对手淫幻想作出解释之后的梦里，病人会因为某人（经过伪装的分析师）说了被禁止的东西而严厉地惩罚他。此处本我和超我的角色被颠倒了，病人接管了超我的活动，而分析师则代表被禁止的性活动。

我听过的一个最有趣又晦涩的梦很好地说明了一个事实：在梦的戏剧化中，有一种企图通过投射来恢复或实现对刺激的控制的努力。弗洛伊德将投射的起源视为一种"对行为的塑造，这种行为倾向于带来让人过度痛苦的兴奋。有一种倾向是将它们视为从外部来的，而不是由内部发出的，这样就能动用防御手段来抵制它们"。我从一位成年病人那儿听到的两个梦，与一座距他居住的街道较远的房子有关。在梦中，他对远处的楼上的房间正发生的事产生了焦虑，认为他听到了哭声。依据被激发的联想，再加上病人的耳朵突然产生的感觉，我断定这个梦体现了对另一栋发生过创伤事件的房子的投射，病人对这个事件，也就是他很小的时候接受的耳部手术，没有实际记忆。在这个梦里，事件是在他之外发生的，哭声从外部的另一个人那里传到他的耳朵中。但是在分析中，耳朵的实际感受、病人手部戏剧化的动作，伴随着"我觉得我想说'走开，走开'"，使我相当确信我们触及了童年极早期的创伤的表征，尽管没有关于它的实际的记忆。

次级加工

次级加工机制使杂糅的潜在思想成为一致且连贯的故事。它与其他梦的机制的不同在于，它来自精神中更有意识的层面。潜在思想和愿望在凝缩、移置和象征化的过程中被伪装起来，并由更接近意识的精神活动铸成一个合理的故事的模样。此外，在梦抵达意识之前，梦的思想在前意识心灵中找到的材料，也可以用于最终躲避审查机制。对此我会给你们举两个例子。你们记得我提到过一位病人，他醒来时满怀喜悦，发现自己在说："空虚的无物也会有了居处和名字。"他不记得实际的梦，因为潜在思想已经在前意识心灵中找到了被储存的诗句这一完美的媒介。这句诗仿佛是一场梦，对它的自由联想很快就揭示了潜在思想，而后者唤起的情感并不那么令人愉快。

在第六章中，我会讲到一个关于"巫师"的梦。潜在思想所利用的前意识素材包括对童年时期读到的巫师童话的记忆，以及他记住的书中的图片。病人叙述起故事的细节时并不费力，但在告诉我他脑海中关于"鬼怪"的联想时，他经历了相当大的困难，因为这让他回想起前一晚发生的一件他宁愿忘掉的事。而"鬼怪"这一联想揭示了关于他父亲的幻想。从次级加工的角度来看，本章前面讲到的梦——"醒醒，醒醒，醒醒。这里是莫尔道河（the river Moldau）。温塞斯拉斯国王曾在这里生活，还有，这是长在查尔斯·狄更斯的花园里的樱桃树"——是很有意思的。它勉强达成了表面上的一致性，而迥异的元素能轻易被识别出来。

次级加工试图让梦与有意识的精神过程达成和谐，它调整梦，以便梦能被意识理解和接受。琼斯讲过，它与所谓的合理化过程密切相关。①

梦的次级加工将迥异的元素衔接为一个一致的整体，它在无意识精神中，与发生在创作者头脑中的更接近意识层面的活动类似。艺术家有意识参与的心理活动以艺术作品告终。梦的次级加工则在意识层面以下实现。意识的自我没有参与其中。

———————

① 《论精神分析》，第七章，第 204 页。

第三章　精神分析实践中对梦的评估

1. 释梦是精神分析技术的基石。
2. 梦对分析师的价值。
3. 探索前意识的价值，参考弗洛伊德及琼斯的作品。
4. 潜在内容是使愿望达成的线索。
5. 便利的梦。
6. 举例说明除潜在内容外，梦的其他价值。

弗洛伊德的《梦的解析》是给精神分析师的首本教科书。他对无意识精神的发现将梦的重要性放到了人们关注的核心位置。在精神分析疗法诞生之初，其技术会在分析过程中将病人的注意力引向梦，几乎排除了病人可能感兴趣的其他话题。在实践中，"自由联想"有时指的就是对梦的自由联想，而坚持思考其他事情的病人一度被认为是在展现对分析的"阻抗"。"分析技术"和"释梦技术"几乎是同义词。梦被当作进入无意识精神的唯一途径，人们迫切地挖掘每一个梦，而不做梦的病人对那些只看重梦的分析师来说，则是极大的麻烦。

我们知道梦并非不可或缺。在分析过程中，我们的所言所行都被赋予含义，而我们的挑战在于如何找到准确的含义。

人们有时会想：态度的钟摆是不是已经摆到另一个极端？不

再高估作为分析病人的手段的梦之后，我们是否陷入了低估它的危险当中？也许我们需要再次审视梦的价值，并且进行关于梦的整体评估。

我们必须记住，释梦是精神分析技术的基石，而且精神分析最初主要就是通过这种解释手段，凭着它取得的疗效，为这种新疗法赢得了一批拥护者。我相信，梦仍然是理解无意识心理冲突的关键，甚至可以说是不可或缺的手段。

我首先要表明，分析师通过解读病人的梦能够获得哪些优势。梦在分析工作中充当一种参照。如果我们能解释梦，就可以通过它们来证明我们对病人自由联想的总体运作、对他的态度或行为的解释有多么真实或广泛。最终，我们要么会得到对解释的佐证，要么会发现病人的梦表明我们没能把握事情的发展趋势。我并不是说我们可以理解病人复述的每一个梦，我们也无法确保从一个梦追溯另一个梦时，能清晰地追踪心理问题。如果我们从一开始就能预见结果，那我们就像神一样了。我的意思是，每隔一段时间，我们就会发现病人向我们描述的梦证实了我们的分析性解释是正确的，因为随后的梦会成为佐证，并推进相关主题下更深入的材料的展开。以下是我所说的这个过程的一个例子。一位病人在一次分析中注意到了花瓶中的花束。她谈到从上面飘落的花粉，以及大自然的毫不吝惜。可以说，她的思想被调到了关于丰富和慷慨的思考的"频道"上。在她的脑海中浮现的人物全都是一个类型，他们在钱财、思想和情感上是慷慨的。分析师说："你肯定有一段时间认为你父亲是一个慷慨的赠予者。你似乎认为他有足够多的好东西能慷慨地给出，以至于他不在乎是否浪费。"对此，病人难以置信地回答："但就我所记得的，我父亲只给过我两个礼物。"分析师答道："那是你能记得的最早的事，但你不记得四岁之前的事情，不是吗？"病人表示了认同。第二天病人讲述了一个梦，"流淌的水"是其中的主要元素。这引发的联想指向她第一次看到瀑布时感到心醉神迷的记忆。从中得出的结论是，她第一次经历这种兴奋是她在父亲撒尿时看到他的阴茎的时候。在这一节分析中，病人突然想到了悬挂着的水果这个画面，她认为是一簇梨。最终她主动表示，这一画面一定是婴儿期看到的父亲的生殖器的再现，那时原初的口唇欲望从类似乳房和乳头的形状中获得了幻想性的满足。这个例子从分析师的角度阐明了梦的价值，即它是解释的有效性的试金石。梦会告诉我们是否真的触碰到了病人的无意识精神。对于有些梦，我们仅能根据给出的材料作出部分的解释。对还在发展中的情况，我们也只能取得部分的理解。其他梦可以验证并详细阐明我们作出的准确解释。从这一点来看，为了对自己的工作有所把握，就必须知道梦对分析师而言是无价的。

我还要指出我们能从梦中获得的另一种价值。我们需要时常重读弗洛伊德和琼斯在释梦时对梦的细节的分析。这些分析是揭示当前情绪状态和现有刺激的经典例子。除了弗洛伊德认为适宜透露的、与他自己的童年相关的情感状态以外，这些梦无论是在提供记忆材料还是给出根深蒂固的无意识幻想方面，都不能为我们提供太多帮助。我们也不能抱有这样的期待。弗洛伊德以难以逾越的方式向我们展现的是前意识思想的庞大分枝，以及他如何阐明凝缩、移置、象征化和戏剧化的扭曲机制——它们是为了带来愿望满足时的心灵安逸。

弗洛伊德对梦的实际分析在很大程度上向我们展示了联想对于理解梦的重要性，它是一种基于当下事件理解当下的情绪状态和冲突的手段。这些梦证明了对前意识做探究性的自我分析的过程，当自我认识足够充分，可以根据材料作出推论时，一颗无所畏惧的头脑就可以进行自我分析。这些梦使我们注意到梦的其中一种价值，即可以通过自由联想探究重要的当下的刺激、当下的冲突及情绪的背景。缺乏对当下的背景的理解，我们就不会且无法理解心理生活的整体。通过解释梦的象征，我们也许能知道一位女病人正因为她从母亲那里夺走孩子的欲望，或者她曾坚信是自己的无能导致弟弟在她两岁时死亡而无意识地惩罚自己，但是通过前意识和意识对梦进行探索后，我们才能知道这一原初的欲望、信念和愧疚感如何在当下的生活中运作，以及如何通过对分析师的转移在分析中运作。

对一位五十岁，已婚且孩子已经长大的女人来说，这一无意识的冲突可能深刻影响她当前的生活状况和思考模式。她大半生的心理建构都围绕着这一由来已久的主要核心。我们不能只凭解释的力量来改变病人的心理状态，这种解释是分析师在分析的第一周就可以对她作出的。分析师必须阐明过去如何在当前仍然持续发挥作用，以及过去的影响是无法轻易摆脱的。要想做到这一点，我们必须看到当下的人扮演着与过去的意象有关的角色，当下的事物和过去的情况类似，并意识到那些不断重演的后果。对这位特定的病人来说，问题首先是在房子方面显露出来的。这些年，她的丈夫为她换了一套又一套的房子，但每次她都会逐渐失去兴趣，最后嫌恶她的家，并决定离开。然后她要休一个长假，以便重新开始生活。单一因素不足以解释这个女人的不安定，但其中一个因素无疑是，她要通过将自己逐出家门来惩罚自己，以弥补她曾经的把弟弟驱逐出去的冲动和信念。我的看法是，梦是探索前意识的手段，前意识连同梦与有意识的当下的情绪和冲突的情境相关联，也囊括了被重新激活的过往的冲突。通过这一手段，不论是在转移中，还是在病人整个生活中的一切活动中，我们都能评估被压抑的记忆和无意识冲突在多大程度上对当下的生活和行为施加了消极的影响。

我发现梦是通往被压抑的重大创伤事件的关键线索。一位成年病人被迫不断在目前的生活中重演这个创伤事件，仿佛在寻求既相同又不同的结果。这样的戏剧化事件在真实生活中不断发生。当它不算严重，没有给个人的现实生活造成不幸时，它可能是无害的。例如，我认识一位病人，她在许多年里始终困惑于为何在日间洗浴时会有一种晨浴或晚浴都无法提供的幸福感。在分析的过程中我们发现，当她还是五岁的孩子时，一天下午她自己在家，拿了一罐糨糊试图把碎纸粘贴到她的册子中。她不仅在纸上涂了糨糊，还接着把房间里的家具，最后连她自己也涂满了糨糊。她的父亲回来后打了她的手心，这是父亲第一次体罚她。这场闹剧之后，家具和她自己都被清洗了一遍。在恢复干净、整洁的状态后，她再次面对父亲时，父亲原谅并亲吻了她。对这位年已四十的病人来说，下午洗浴仍然能带来赦免的感觉，它远远超出简单的清洁。我还要指出，她对无意识戏剧化的含义有了深刻的理解，但这并未削弱她在下午洗浴时所感受到的满足。这种戏剧化是轻微且无害的。然而，更严重的情况也可能出现。当一种戏剧化本身就构成对解离的创伤事件的重演时，梦可以是复苏戏剧化原型的重要手段。在一段漫长而令人迷惑的分析之后，一个梦使我洞察到病人被迫戏剧化的问题。尽管解释没有让病人直接信服或是恢复记忆，但它仍然有效，使之后实际发生的戏剧化的后果不像以前那么严重了。这个梦是这样的："我对 G 说再见后送她离开，然后转过来拥抱你（即分析师）并说再见。但我正站在高跷上，我的窘境是如果我放开扶着高跷的手前倾亲吻你，我的腿就会踩空，然后我会摔下来。"根据给出的联想，我得以作出这样的解释：分析师在梦中代表还是孩子的病人，而病人在梦中代表一位祖辈。病人曾被告知，在她两岁时发生过一次意外，但她没有明确的记忆。一位祖辈在弯腰亲吻她时，因癫痫发作倒下死去了。我无法在此深入探究所有与宿命论相关的幻想，它们在日后与这个孩子的爱的冲动密不可分。我的目的在于告诉你们，这个梦对病人无意识重复的困境给出了首个令人满意的线索，这些困境试图处理与最深的焦虑绑定在一起的早期的创伤，因为这一创伤是好客体由于死亡而突然丧失的——而不只是幻想中的丧失。

我已经讲过梦作为检验标准的价值，通过它，分析师能评估出他离追随着的无意识精神运动有多近；也就是说在他作出解释之后，他会得到佐证和进一步的阐发。

我讲过探索前意识的价值，它为我们提供了当下的背景。久远的过去仍然在其中上演，现代人在古老的戏剧中出现，当下的情境中的现代替代物是基于过去被塑造的，愧疚以某种方式在当下的形式中得以缓解，古老的动乱以某种方式再次上演。

我对梦的下一项评估是关于转移的。同样，我认为梦是对转移的解释的准确性的一个重要标准。通过梦的帮助，分析师能与实际上被无意识地转移给他的东西，以及作为转移的源头的人保持密切的接触。如果想让病人在这方面取得客观性，分析师就需要保持客观性。只有通过对转移的分析，我们才能在当下分析过去，并最终分析无意识中的冲突。典型的梦及其联想为我们在过去和当下之间搭起桥梁，正如分析师暂时是那个承受无意识精神问题的转移的人。分析师要坚守在转移的这个层面。据我所知，没有哪个矫正物能像梦一样澄清这一事实：在转移中作用于分析师的，正是发展历程中的婴儿期因素。我们不应受到诱惑，把对我们的正面转移看作健全人格中爱情生活的等价物，而要把它视为与被转移的心灵内部冲突有关的情感。病人在许多阶段会理所当然地将他们对分析师的感受等同于成熟成年人之间的情感。但如果分析师要将病人导向真实的爱情生活，则他必须永远记住，分析中这被区隔开的一小时只是有待解决和理解的整体幻想的一部分。梦是极好的辅助和校正工具，因为我们能在梦中看到被转移的为何物、是何种处境，分析师在其中扮演的是什么角色，被重演的又是过去的哪种情感状态。

这直接将我引向梦的分析中可以说是根本规则的东西。这个规则有许多例外，但我相信比起忽略这些例外，忽视这一根本规则会让分析师掉进更多的陷阱。这一根本规则是，梦的含义要通过从显梦深入到潜在思想的分析中来确定。面对任何一个梦，第一个冲动便是依照被给出的外显内容解释其含义，而我相信，分析师在他自己和病人身上都必须对这一冲动加以同样的限制。只有以这种方式，才能将梦理解为愿望的达成。我们和病人一样，可能会说梦的外显内容"不可能是一个愿望"。要找到梦体现出的愿望，我们就必须了解潜在思想，除了这些思想（它们也许体现了彼此冲突的愿望），我们必须考虑到催生移置和表面一致性的心理力量。所有梦都如外显内容呈现的那样，是简单的愿望满足，这只是部分的真相，它们就像谎言一样让我们误入歧途。

以下是一个简单的关于"焦虑"的梦的例子。说梦就如它看上去的那样就是愿望的满足，这显然是荒谬的。"一个男人正对着银幕表演。他要背诵这出戏剧的一些台词。摄影师和录音师都已准备就绪。在这个关键时刻，演员忘记了他的台词。他反复尝试，但毫无结果。大量的胶卷肯定被浪费掉了。"看着演员在关键时刻失败，梦者产生了极大的焦虑。

只有知道潜在内容，我们才能了解这个梦所呈现的愿望的冲突。摄影师和录音师无法让这个演员表演，尽管他们是为此才聚集在这里的。演员忘记了他的台词。在外显内容中，引发梦者焦虑的是所有人都等着演员说话，而他什么也说不出来。联想所揭示的婴儿期实际的情境却是，梦者曾经旁观他的父母的亲密行为。这个孩子就是一开始的摄影师和录音师，并且用噪声中止了父母的"表演"。这个孩子没有忘记他的台词！原初的焦虑关乎实际的"所作所为（doing）"，而不是关键时刻的行动弃权。我们原始的焦虑与我们做了或希望做的事相关，而不是我们疏忽的罪责，记住这一点总是颇有助益的。梦中"大量的胶卷肯定被浪费掉了"这一细节透露了"被压抑物的回归"，它用转喻的手法告诉我们，在那一刻，这个孩子排出了大量的粪便。

这个梦展现了心灵中一些最隐秘的活动。我们可以看到婴儿对画面和声音的铭记，以及通过视觉和听觉对原初场景的内化。通过它向梦的戏剧化投射，我们得到了这一被内化的场景的证据。影院银幕这一现代发明作为合适的象征符号发挥作用，而银幕作为现代的外部设备，对应着内部的梦的图像机制。

原初的旁观者变成积极的行动者，将人们的注意力引向自己，不是通过清晰的言辞，而是——根据被浪费的胶卷可以推测出来——通过他能做的唯一的一件事，即制造混乱和噪声，让操作者停下来。此外，通过情感的移置，即以相反愿望取代原始愿望，以及通过试图解决焦虑的梦的工作，愿望冲突的缩影在此得以呈现。

我们的根本规则是，要由显梦深入其潜在因素进行分析。尤其是在转移的梦中，我们发现病人会试图根据外显内容来解释梦；对这些梦的分析，也就是说分别处理每一个因素并发掘婴儿期的情境、找到分析师所代表的那个意象，总会遇到明显的阻抗。当强烈的正性或负性转移正如火如荼地进行，一个梦或许会汇集起婴儿期的渴望，并借由分析师极为强烈地呈现出来，以至于显梦的内容几乎被当作现实。这经常是由于梦中会嵌入我们意识中遗忘的童年记忆片段，而病人不知道这些被湮没的经历正被重新激活。同样，重要的是找到潜在思想，并且追寻真实的经历。这对转移的梦的分析至关重要。病人经常会说："好吧，我昨晚梦到了你，你正在做这样那样的事，或者发生了这样那样的事。"在这类转移的梦中，我发现病人特别急于对梦进行整体解释，我倾向于认为在这类梦中，分析师也更容易被诱导着去关注外显内容而非潜在思想。而为了找到被压抑的思想、幻想和记忆，首先必须对潜在思想加以探索。下面这个例子阐明了我的论点。"我梦到你生我的气并且不肯原谅我。"讲述这个梦的病人有一段时间坚信分析师在现实中的确生她的气。唯有通过分析师对前一天的工作的细致回顾，往家具上涂糨糊的记忆才浮现出来——我在阐明梦的戏剧化时提到过这个事件。事实是这个孩子生她父亲的气。在分析中首先出现的是对分析师的情感投射。"你生我的气并且不肯原谅我。"而心理上的真相是"我生你的气并且不肯原谅你",这才是童年时恶作剧的真实含义。

我发现短促、紧凑的梦容易按照外显内容被评估,并且经常被病人随意解释后就满意地扔在一边。例如,一位男性病人说:"我梦到我正和 X 进行一次成功的性交。"他接着说:"我告诉过你,我前些天遇到了她,以及我认为她是多么漂亮和吸引人。"他进一步评论道:"这是一个很自然的梦,很容易就能看出其中愿望的满足。"这就是我说的急于按照看上去的样子解释外显内容的极佳例子。这类短促、紧凑的梦通常是最难分析的,当它屈服于分析时又往往是最富有启示性的。这个梦引向了梦者对母亲身体内部的恐惧这一最根深蒂固的幻想。只有当他想到与梦中的女人的特质截然相反的女人时,我们才能通过可用的联想材料接近这些潜在思想。

在交代了总体规则后,我现在要请你们注意一些特例。有些梦不需要潜在思想也能解读其含义,这类简单的梦有着直截了当和典型的象征。我在第一章引用了一个梦,梦者看到音乐以图片的形式在眼前经过,有柔和圆顶的山峰和高耸而尖锐的山峰的图片,这就是一个例子。这个梦能被迅速评估,因为做这个梦的病人经受过严重的创伤,她与现实保持着联系,但这种联系十分脆弱而且近乎让人难以忍受。在这种让人极端挫败的外部现实压力下,梦通过满足愿望的方式提供了补偿。下面是另一个不用深入探讨潜在含义就能进行部分解释的梦的案例。一位病人最近向我描述了一个梦,在梦中他在婴儿车中被推着走。这位病人感到保持与现实的联系几乎是不可能的。我前段时间接待的一个神经衰弱的女孩告诉了我她连续几周所做的梦,在梦里一切都静止了。火车、公共汽车、电梯……

一切在现实中必须靠动才具有价值的东西，在她的梦里都停滞不动了。这些梦的潜在内容很重要，但我要在此说明的是，外显内容作为一个整体，有时也能向分析师传达含义。为了防止睡眠受到干扰而使环境适合于我们的心理需求的梦也能根据外显内容来理解。以下是一些例子：

"我梦到我下床去撒尿。""我梦到我及时赶上了预先安排的约会。""我梦到有人捡起地上的鸭绒被然后放回我的床上。"这些梦直接传达了它们的含义。

接下来我要讲一讲能根据梦作出的另一种评估。

这些梦的潜在内容或许也具有重要性，但不如整个梦带来的心理目的那般重要。梦的外显内容未必会像我引用过的例子那样，交代梦的目的。通过分析，梦会展现出它的潜在含义，然而让分析着眼于探明不同元素的含义却会错失梦作为整体的主要含义。梦有时是安抚分析师的手段，分析师借此缓和对转移给分析师的幻想的焦虑。在这种情况下，重要的不是去分析实际的梦，而是分析这种安抚的必要性。例如，一位男性病人，正在处理指向父亲的意象的无意识攻击性幻想，并因此无意识地害怕分析师的攻击，常常会做一些总体上具有安抚含义的梦。它们是消除想象中的复仇者的怒火的礼物。

在另一类梦中，我们同样必须考虑其目的而不是潜在内容，即一个需要半小时去复述的梦，或者一连串占据同样时长的梦。内容也许很重要，但首要的是弄清楚出于何种无意识目的，需要花费半小时来复述梦。我知道十个这样的梦，是关于同一位病人的。我发现它们服务的目的包括：（1）对讲述当下事件的阻抗；（2）这些梦可能体现了尿道、肛门和性的能力；（3）它们可能是象征性的礼物；（4）它们可能代表一份被隐瞒了一段时间的礼物。当病人把梦记录下来并读出来，我发现它们通常代表一份好的"粪便"，与童年发生的事件相反，它被整洁地展现出来并且仅限于纸上。

我记得有一次，一位病人在复述了几个梦后说："我现在想起一首叶芝的诗。"

> 可我，一贫如洗，只有梦；
> 轻点，因为你踏着我的梦。①

梦的含义马上变得明晰。它们是给分析师的爱的礼物。它们还有更具体的含义，因为诗说的是，梦在地上，要非常轻柔地踩过去。孩子在地上留下的乱摊子可能同时意味着礼物与攻击，"轻点，因为你踏着我的梦"。

我谈到过梦作为整体，其首要功能之一是安抚，但有时外显内容本身也能做到这一点。例如，外显内容有时会直接给出一个幻想的场景，该场景与分析师在前一天作出的某些解释相呼应。梦对这些解释的全盘接受透露了这一点。我的一位精明的病人大体上认识到了这一点，并直白地说："这个梦是在献殷勤。"这个"献殷勤"的梦就属于安抚类的。它就像一个因恐惧而顺从的孩子。当病人谙熟精神分析的主要话题时，分析师必须警惕呈现了完美"情结"的梦，而对此的预防措施就是分析病人的联想和情感。

---

① 引自叶芝，《他冀求天国的锦缎》。——译者注

与那些乐于接受我们的正确性并验证我们的解释的病人不同，另一种病人则一定要证明我们错了，并且在我们作出解释之后用梦来证明我们错了。在这两种情况中，分析师都必须着眼于梦的目的而不是内容。

依据病人自己对梦的态度，还可以作出另一种对梦的评估。不仅不同的病人对自己的梦的态度有所区别，同一位病人也会在不同时间对梦有不同的态度。有的人倾向于低估梦，有的人则相反。总的来说我们会发现，在分析过程中难以表达对当前的人与事的情感的病人、在现实中——无论是在分析过程中还是在分析过程之外——难以表达他们的意见和批评的人，会利用梦来转移分析师对他们的日常生活的关注和兴趣。我们也许能相当了解无意识幻想和病人的童年经历，但仍然无法看到它们与当下的冲突的相互关系。这类病人在没有梦可以复述时往往会感到苦恼，认为他们没有取得进展，而且除非有梦出现，否则就无法推进。在这种案例中，尽管梦能带来的帮助很重要，但分析师的目标必须是当下的刺激、过去和现在的现实处境，以及被压制的转移的情感。

与此相反的一类病人会紧紧抓住现实，并抗拒所有深入幻想生活的尝试。这类病人会频繁贬低梦的材料。我认识的一位病人甚至把这件事合理化了。他声称，只有当他能把握梦的时候，他才会欢迎梦，因为这时他会觉得自己真的能从无意识中直接把握一些东西。就他的情况而言，这意味着："是我的无意识产生了这个，所以我不为此负责。"

我认识到，在两种特定情况下，我们应当推测出有重要的梦被隐瞒了，尽管这并不总是成立。面对已经进行一定次数的分析的焦虑个案，或者焦虑已经释放出来的个案，我会将焦虑的过度爆发与以下几种可能的状况联系起来：

（1）在分析过程中没能记起某个当下的刺激。

（2）这一刺激激活的被压抑的事件或幻想快被意识到了。

（3）前一晚做的梦被遗忘了，或者在讲述时被推迟提及。

在倾向于理性思考、难以释放情感的病人那儿，我经常发现在这令人困惑的整个一小时的谈话里，病人似乎只能从一个话题换到另一个话题，直到最后回想起前一晚的梦。在这类案例中，我发现对梦的分析可以在第二天继续进行，并且对这个梦被推迟讲述的原因有了点头绪。有时，原因可能与梦的潜在内容有关；有时，关键在于转移的情境和（被分析者的）有所保留。

我们也许会经历一场莫名其妙的分析，然后在第二天，病人会表示他在离开后记起了一个梦。这类被推迟的梦的重要性往往在于其潜在内容，因此值得继续追问。

一种常见的阻抗梦是病人梦到他正向分析师讲述一些非常重要的事情。梦中的这种"只是个梦"本身就是一种宽慰，意味着在这一天就不用再期待有什么重要的材料了。在我与一位病人的分析经历中，我记得一个这类梦的典型例子，这位病人在四岁时有过一次被压抑的真实的创伤性性经历。在我们真正开始触及这一事实的迹象之前，她多次梦见一个藏着大秘密的年轻女孩，这个秘密让她伤心。而她，这位病人，在梦中恳求这个女孩信任她，告诉她这个恼人的秘密是什么。这个女孩还是很固执。这些梦在情感上是痛苦的，在分析中也让人困惑，但它们终将引导我们揭示真实的创伤，在这种意义上它们是最具揭示性的。

　　还有一些典型的梦，我接下来只会简单讲讲。"人群（a crowd）"在梦中表示一个秘密。分析师的工作就是去找到秘密。无论"考试"和"火车"的梦多么典型，它们都会有细微的个体差异。"火车"的梦可以服务于许多目的。我在第二章中举过一个例子，用以阐明口腔和肛门幻想的梦。这类梦有时会伴随着焦虑，比如梦者因为来得太迟而赶不上火车，这时它们表现了过去小便失禁的状况。分析师的任务是发现与过去——当时伴随着小便失禁的生理事件——相应的当下的情绪状况。"火车"的梦可以表达在某些问题上的优柔寡断，比如梦者实际上来得及上火车，最后却没能上火车。分析师的任务是找出这个被象征化的"犹疑"究竟意味着什么。

　　我想让你们注意一类象征身体功能和身体感觉的梦。

　　在稍早的章节中，我曾提到，直觉的知识是亲历过的知识，而无意识就是经验的仓库，我们也许已经忘记它们，但从来没丢失它们。如果我们能理解它们，就能在梦中找到来自最早期——婴儿期的身体经历。梦有时会把孩子能说话以前的身体经历的证据呈现给我们，有时则会给我们提供关于被压制的当下经历的知识。举一个简单的梦的例子，它揭示了当下被压制的身体经历的证据："昨晚我梦到我正在摘花。"据此，我们可以推测，在做梦的那晚，可能发生过手淫行为。

　　一个因听到强风而感到不安的梦常常由真实的胀气激发。这类梦是常见的。它们会告诉我们非常早期的身体经历，真实的记忆并未出现，但身体会记得，凡是眼睛看见过的，就会储存为图像供梦复制。例如，"我在栏杆的一侧往一个方向奔跑，一个穿着短裤的男人在栏杆另一侧往相反方向奔跑"。梦中的"我在奔跑"在分析中被证明是排尿这一身体经历的图像再现。"相反方向"则是指观察到她父亲"流淌（running）"的方式与她不同。[①]"栏杆"则象征着婴儿床的阻隔栏。

　　下面是另一个例子。一位病人生动地描述了一条路上的一个特别的位置，这条路是他梦中的一个元素。他清楚地知道自己与周围的东西的距离。然后他说："可是如果我能这么准确地说出我在哪儿，那么我一定是静止的。这个位置是静止的，但我跟你说过我正在移动。"根据这次分析，我们得出的结论是，"静止但又在移动"的状态实际是指他正在排尿。

　　我发现身体的感觉，尤其是早年经历的那些，可以转移到各类机械和可移动的设备上。这里有几个例子："我正在一个房间里，门突然打开，一场大洪水涌了进来。"作为一场"事故"的证据，这个梦已经很有意思了，但这个我大胆引用的梦也可能体现了出生时的经历。经查明，病人的出生前兆是羊水突然破裂。病人做这个梦时还不知道这一事实。"我正在一部电梯里，它突然向下掉落。"我发现这个梦再现了液体状粪便涌出并掉落在地面的这一经历。下面是同类型关于童年焦虑经历的梦给出的确认。梦者说："我看到了一件奇妙的事情。一辆'车（car）'不知怎的从建筑外部直接开了上去并安全抵达了一间车库，我估计车库在楼上。"在提到牙医的椅子上下升降的功能之后，这个梦的联想让病人想起她的可以上下调节的婴儿椅。梦者没有自己坐在椅子里的实际记忆，但梦无疑将一种经历戏剧化了：不是"车（Ka Ka）"[②]开上去安全地抵达了车库，而

---

① 第一章中提到过，"running"既指奔跑，也指排尿（液体的流淌）。——译者注
② "Ka Ka"同"Ka. Ka."，是指排泄物，见本书第一章。——译者注

是它掉了下来，这件事让这个孩子极为焦虑。这个梦还有更深的含义。孩子在椅子里的身体的感觉被转移到了牙医的椅子的运转机制上，根据这个梦可以推测，意外事件是在椅子上发生的。还要感谢另一位病人为我提供了相当有价值的梦。这位病人梦到他正尝试清除便盆里的粪便，后来便盆里的粪便不仅没有被清除，还堵满了水。这个梦涉及的幻想很重要，但我认为即使这样，也只有通过理解真实的事件才能明白它的完整的含义。在这个梦中，我们得到了对先是试图排便，然后经历灌肠操作的感受的再现。

下面是一个与之前相似的梦。这位梦者认为自己拿着拖把站在一条通道里，他正用拖把擦拭这条通道。在这一小时的分析中，病人复述了前一晚的一场谈话。其中某个人说："你的耳朵不太对称。"告诉我这件事之后，病人用手捂住了他的耳朵。这个梦激发了病人关于排泄物与毛发的幻想和联想。捂住耳朵的姿势具有不让自己听见和被听见的含义，既保护了他又保护了我。但要更全面地理解耳朵的含义和对听觉的抑制，以及关于耳朵的多重决定的幻想，对其他事实也应当加以考虑。病人曾接受过耳部手术，那时他还太小，留不下有意识的记忆。在所有这些幻想的背后，这个梦中也有内在的身体记忆：通道实际上代表了曾经被涂过药的耳道。在梦中，病人是积极的行动者，而不是被动的承受者。引起这个梦的除了前一晚的谈话中提到的耳朵，还有在前一天的分析中，有那么几秒女仆正在分析室外擦拭扶手。我记下了这件事，但值得注意的是病人当时没有提到这一点。

在释梦的时候，分析师可以留意病人在分析中表现出来的姿势或细微的动作。这种运用于成年人分析中的技术类似于儿童分析中的游戏技术的原则。我们必须将这些姿势或动作解释为以象征方式对梦的戏剧化，或者通过纠正梦中的冲动或事件来应对焦虑的手段。以下是在分析中实际发生的一些戏剧化的例子。

　　一位病人梦到鸭绒被从床上滑落后又被重新盖回她的身上，在分析中她突然感到冷并将她的大衣盖在身上。这个梦首先提供了前一晚的经历，当时她确实感到冷并且不愿醒来去调整被子，因此梦到有人为她做了这件事。这是一个便利的梦。然而，在分析中对这一情境的重现是需要追问的，因为实际上房间是暖和的。

　　下面这个分析中戏剧化的例子必须和梦的材料一起解释。这一戏剧化的例子的目的是表明内在于梦中的焦虑已经被解决，因为动作与被压抑的记忆和愿望恰恰相反。病人是一个男人，走进来然后躺在椅子上。几秒后他把手伸进口袋。"哎呀，"他在惊讶中说道，"这是什么？"他掏出一个皱巴巴的信封，看了看它然后说道："哦，什么都不是，废纸罢了。"然后他用惯常的方式继续谈话。过了一会儿，他再次把手伸进口袋，然后突然站起身来说道："我再也受不了这个了，你的废纸篓在哪儿？我必须把它扔进废纸篓里。"然而在分析的后期，当病人谈及他正在处理的一份手稿时说道："听着，我必须先看看我是否已经作出那些修改。"然后他再次站起身来走向他的公文包，查看他的手稿，最后如释重负地回来，说道："是的，现在没事了，我改正了那些错误。"

　　他的梦是这样的："有两位访客，我正烦恼他们应该睡在哪儿。我让其中一位访客睡在一张我知道是空余的床上。我把我的床给了另一位访客，但这样我自己就没地方睡了。"

　　这节分析中相关的联想再加上我记录下来的一些动作，证明了我们正在处理一个早年生活中被压抑的事件。当时，垃圾没有被扔进废纸篓里，这件事发生在他年纪很小的时候，那时他无法纠正自己的错误，结果他的父母因为这位小访客被迫从床上爬了起来。

关于谈话的梦常常难以分析。我学会了分辨如下的类型：梦中的交谈者总是通过戴上各种人物的假面具来表示梦者心灵的不同层面。在有的梦中，谈话会包含一些词语或短语，它们因自身的含义或者说出它们的人的重要性而被内化了。有时，目前被内化的短语可能会和病人过去生活中的某个人使用过的短语重合。在第二章我引用的"凤头鹦鹉"的梦中，我们能看到两个代表心灵不同部分的人正在交谈的例子，而"凤头鹦鹉"一词本身也是一个值得探讨的因素。

涉及数字的梦经常难以解释，而且它们并不总是值得深入探究的。如果我们能从病人那儿激发出和具体数字相关的具体事情，则它们常常会导向有价值的解释。我们必须一直牢记，"数字（figure）"[①] 这个词同时意味着数字和形状。我的一位病人总是认定"4"是一个女性化的数字。我们对数字"4"做过许多象征性解释，这些解释很容易得出。在这个案例中，我一直不确定数字"4"的含义，直到病人回想起一个卧室的场景，然后说道："你知道，我记得当我还是小男孩时，看过我妈妈脱衣服。她总是把她的头发编成4股长辫子。"因此"4"对他而言成为女性化的数字，而这给他带来的满足在于，辫子是对男性气质的保证。数字"5"最终往往指的是五根手指，因此指向婴儿期的手淫。一个男人梦到一对夫妻在一

———————
[①] "figure"一词还有"图形"的含义。——译者注

起待了五天。由于他提到了《创世记》这本书，我们可以发现这个梦的微妙的含义。他想起上帝在第六天时创造了人，在第七天时他认为他所有的创造物已经相当完美。而梦中这对夫妻只在一起待了五天。

我的一位病人第一次在诊所预约。他没有在预约的时间抵达，因为他试图在"63号"找到诊所。一个梦揭示出"63"是某地区的一栋房子的门牌号，他曾被告知在那里可以嫖妓。

在一次谈话中，一个与数字"180"相关的梦被我解释为意味着"我什么都没吃（I ate nothing）"。①

在梦中，颜色对我的一位病人而言相当重要。我总会追问更多关于颜色的细节，而且如果是某物品的颜色，我会询问关于物品类型的细节。通过这位病人，我最终证实了我的推测，即创造性想象和艺术鉴赏都根植于最早期的味觉、触觉和听觉的现实经历。对这位病人来说，燕麦色的物品唤起了"酥脆"的感觉，而她手指上感到的"酥脆"又总是与她牙齿上的感觉紧密相连。

一块樱桃红色的绸缎会让她分泌口水，而且她渴望将她的脸颊轻轻贴在它的表面。这位病人把一系列的颜色表述为：奶油色、黄油色、柠檬色、橘色、樱桃色、桃色、李子色、红酒色、梅子色、坚果棕、榛子棕。物品可以像饼干一样酥脆，像打发的蛋白一样柔软，像蛋糕一样厚实。丝线可以像全麦面包上的谷物一样粗糙，也可以像沙丁鱼皮一样闪闪发光。我不会放过这位病人的梦中任何关

---

① "1"在外形上对应于字母I，"8"在发音上对应于"吃了（ate）"，"0"则在数字上对应于"没有"的含义。——译者注

于颜色、物品或衣物的细节。

一位病人无意识使用的另一种有趣的机制，使我得以根据一个梦来推断是什么现实状况激发了它。这种机制揭示了通过各种手段实现心灵稳定的问题，我相信这个问题相当复杂，而我们对它所知甚少。我们只了解总体的机制，而不知道在心灵的统一体中环环相扣的协同运作，它比在身体这一有机体中共同运作的一切生理力量更为精细。在这位病人身上，我只能在某些特定情况下得到关于对母亲、父亲和兄弟姐妹的敌意的明确的梦。许多梦都展现了含蓄的敌对愿望，但直白且未经伪装的敌对的梦、真正的死亡愿望，只有在现实中听到对这个人的实际赞赏这一直接刺激后才会出现，此人之后在梦中的意象会成为敌对愿望的对象。如果病人意外听到对任何亲戚的赞美之辞，她就会以一种敌对的方式梦到这位亲戚。由于这过于显著，我可以猜出引发这公然敌对的梦的现实刺激。这一阐释并不像它看上去那样简单。要理解它，唯有重视心灵如何，以及以何种方式维持其力量的平衡这一问题。有些人获得平衡的方式更多是在环境中与真实的人进行互动，可以说他们的生活在心理上更多围绕他人交织和展开。

我提到的这位病人在五岁前有着相当稳定的生活环境，而且在此期间没有重大的外部挑战。这意味着生殖器期发展到了一定程度。在病人五岁时，母亲的真实竞争对手出现在了这个家庭中。这个对手赢得了父亲的喜爱，公然地与母亲对立。这一变化导致俄狄浦斯情结在病人身上遭到了强烈的压抑。对母亲的敌意变得难以接受。这种敌意具体体现在一个真实阻碍了母亲幸福的人身上，而不是幻想的。这一真实状况对病人产生了持久的影响，通过一种特殊的机制，病人能够表达她对母亲和其他孩子的原始敌意。当现实的环境中有某个真实的人自发地赞赏他们时，病人的心灵就会出现一些松动。于是我们就能通过这样的梦，触及在五岁遭遇创伤之前曾感受到的原始敌意。这就是分析的目标，是为了之后能实现内部的平衡，而非依赖环境的平衡。分析中，时间因素的重要性被摆到了我们面前，因为在这类机制中，病人与现实的接触、心理生活在真实处境中的戏剧化，都必须被耐心地逐一分析。

接下来，我会简要总结一下对梦的不同评估。

释梦是精神分析技术的基石。通过梦，分析师能估计自己与病人的无意识问题保持了多紧密的联系。梦也能帮助分析师在同样的问题中理解转移的情感。

梦是一种手段，我们通过对前意识思想的加工来探讨当下的刺激和目前的冲突。要全面理解心理生活，就必须知道前意识和无意识之间的相互作用。

梦的潜在内容，是通过对梦中不同元素进行自由联想这一方法得出来的。这就是梦的分析。

除了潜在内容的含义，梦还可能有其他价值。它们也许会被当作无意识安抚分析师的手段、力量的象征、对排泄物的控制力的体现，以及对分析师的掌控的证据。梦还可以代表爱的礼物。

病人对梦的高估或低估本身也能帮助我们理解心理问题。

梦常常能揭示当下的身体经历和被遗忘的童年时的身体经历。这些身体感觉与幻想的关联，正是分析师关注的目标。

为了得出梦的含义，需要把特征性的姿势或动作与病人的联想联系起来。

对特征性的姿势或动作的解释类似于儿童分析中的游戏技术。

通过梦，我们经常能找到被压抑的重大创伤情境在现实生活中的戏剧化的表现。

通过病人对具体人物和对象的联想，我们常常能获得关于梦中的谈话、数字和颜色的含义的线索。

第四章　不同类型的梦的例证

1. 一个自我防御机制极强的"正常"年轻女人叙述的梦。

2. 一个正在经历和女人有关的焦虑的男人叙述的梦。

3. 以口腔意象揭示俄狄浦斯情结的梦。

4. 一位五十岁的女人叙述的，揭示了典型的童年嫉妒情境的梦。

5. 一个揭示了被移置到繁衍和谱系表中的幻想的梦。

这一章将致力于展示一系列不同类型的梦，它们来自对不同病人的分析。对每个梦，我都会指出在分析进展中重要的材料。这主要是对每个案例的某一次分析工作的简述，而不是对全部材料的详细研究。我不会选择那种每个分析师都会经历的分析性谈话——其中病人的梦与联想紧密相连，如同精神分析中的经典案例，解释起来也相对容易。我只会举一个这样的例子。

对于这一系列的梦，就像前文那样，我会从大量材料中筛选出要点，但这里的细节会更丰富。

我列出的所有的梦都是近期的，因为只有这样我们才能传达一种新鲜且生机勃勃的感觉，这是接触活生生的心灵时应当体验到的。在作出主要解释的同时，我们也会指明当下的情境、梦的导火索，以及分析师扮演的角色。

　　下面是第一个例子。病人梦到她要出国并且已经抵达福克斯通，只不过比现实中的福克斯通要远一点。到那儿以后她发现她把钱、护照和票落在了家里，她必须回家取回它们。她认为她要去荷兰。她回到家后，除了女仆没其他人在家，她的父亲和母亲都外出了。她发现她的东西都在她的抽屉里，安然无恙，看到它们整齐且的确在抽屉里，这似乎让她更心烦意乱。

　　要想领会在一小时的谈话中对这个梦所做的实际分析，必须意识到分析师对这位病人的疑问。根据有关象征符号的知识，可以对这个梦作出一些解释。我是说分析师本人可以这么做，但这就不是对病人的分析了。从临床视角来看，这位病人是正常的。她的幻想受到强烈的压抑，她对现实有着极大的兴趣。对她来说，"自由联想"意味着复述在现实中发生的一切，而她私下的想法和感受是她自己的所有物，如果我想要了解它们，就必须等待时机。总的来说，这是一个能有效应对外部世界的人。她富有幽默感，这是让她抵御焦虑的最佳堡垒。除了对幻想的压抑，她的童年记忆也很难被触及。此外，还存在一种奇特的压抑。例如，我们可以根据某几类梦的反复出现，推测出某些明确的经历一定发生过，并且被遗忘了。对这种论断，病人只是听着而不回应。接着突然在之后的某天，她会看似不经意地提到之前的梦和联想表明的实际事件，她谈论这些事件的方式就好像它们一直都在意识中似的。

　　我希望你们思考这个梦时，不要把它看成是孤立的并从象征的角度加以解释，而要根据病人呈现出来的特定困难来理解。我还要强调一个原则，即我们首先要关心潜在思想而不是外显内容。

　　在这个梦之前的分析几乎都是对一种轻微的愤怒的表达，继而是一封期待中的信没有被送达所引发的苦恼。信已经逾期了一周。我依据对梦的那一次分析，从先前的分析中她关于那个因信逾期而使她失望的男人的种种说法中挑出了一句话。"我所有的其他朋友，"她说，"都尽他们所能来取悦我，而他是我最希望去取悦、最渴望能取悦的人。"病人在上个周末还去拜访了一位朋友，但那个晚上她是和一屋子的陌生人一起度过的。从她对信的焦虑中可以注意到，尽管这个周末已经让她想了很久，她却没有提到这件事。

在前一次分析的末尾，我只能说她正面临一个占据着她注意力的真实状况，我想我们可以看出她的某些不愉快被某些属于其他情境的未知的苦恼和焦虑加强了，那些情境可能和当下的情境有关，或者暗藏在当下的情境的背后，此刻我们还无法了解它们。

接下来就是做梦后的第二天。她马上告诉我她已经拿到延误的信，心情随之好转。从这次谈话的材料中，我挑出了和这里的分析性问题关系最密切的病人的几句评论。（1）"你这个花瓶里的花很美，但另一个花瓶里的花就没那么好，花瓶的颜色不对；这个棕色不对，但其他方面还是很好的。"（2）"我渴望快点穿上我的套头毛衣。我想马上就把它织完。我还有新的毛线活要做。我想看看这件毛衣织好后的样子。但问题在于毛线。奇怪的是商店里没有合适的棕色存货，没有我想要的那种棕色。你可以在现成的东西上——在织好的毛衣上——看到这种毛线，但没法买到这种颜色的毛线然后自己织。我想要和你的垫子一样的深棕色毛线。"（3）"拿了我旧衣服的女人写信告诉我她挺好，她会收下这些衣服，但荒谬的是她从没告诉我她要生孩子了。是因为这个，我才一直没有她的消息。"就在这时病人说出了那个梦。她继续说：（4）"我想不出为什么是荷兰，但我感觉荷兰这个名字是对某个地方的掩饰（lying about somewhere）。"

我马上打断她，说道："你怎么会觉得一个名字在掩饰？"对此她回答道："好吧，它让我想起我还是孩子时穿的荷兰式罩衫，有一些是彩色的，上面绣有斑点，但我不记得关于它们的其他事了。我也想不通为什么是福克斯通。我确定我是和女仆一起去的那里。她是不是有一个姐妹住在那儿？我想不起我是从哪儿过去的。在梦里似乎有白色的悬崖，非常白。但我只能想起多佛尔①。在经历了可怕的晕船跨越海峡后，你觉得糟糕透了，就会在多佛尔这个荒凉的地方登陆。然而多佛尔会让我想起迪耶普②，我和父亲一起去过那里，那次相当开心。我们要在很短的时间里赶上要搭乘的那趟巴士，我娴熟地通过了海关，托运了行李并及时登上了巴士，他对我非常满意。我还没跟你讲过那个周末。你知道我经常丢三落四。我以为我这次会留意，尤其是在房主是陌生人的情况下。我确定我已经把所有东西装好了，但走下楼的时候我又想起我落了东西在卧室。我不想被嘲笑，门开着，所以我蹑手蹑脚地上楼，拿到我的东西后又蹑手蹑脚地溜了出去，没有一个人发现；这妙极了。我可不想让他们知道！"

我现在会告诉你们在这次谈话中我对病人作出的解释。我把她提到的父亲的满意和她前一天表达的想取悦那个男人（她在等他的信）的欲望联系在一起。我说："X属于你想取悦的那一类男人，他

① 英国的一座海港城市，英法之间的多佛尔海峡就位于此。——译者注
② 法国的一座海港城市。——译者注

和你的父亲出自同一个家系。"她说:"噢,是的,我明白你的意思。"我说:"你对 X 的感觉一定和你曾经对你父亲的感觉一样。"我指出在她讲到迪耶普时,她说她曾经凭着整理东西的迅捷,凭她的准时以及赶上巴士来取悦她的父亲。我提到她发现自己的东西整齐地放在"抽屉"里的情景。她对没收到信的焦虑使她认为她没能取悦 X。她曾想过 X 也许找到了某个比她更讨人喜欢的人,尤其是对他而言她的信可能没什么意思。这两股思想还暗示了一种相反的可能性,也就是她的父亲会为她无法处理好事情、遗漏行李而感到不悦,X 也许会不喜欢她写给他的信。

我提到她周末遗漏了她的物品,蹑手蹑脚地回去又离开,以免被听到和嘲笑这件事。我提到了她的梦,她发现父母都出门了,只有女仆在家。"但是,"我说,"她不要紧,毕竟她的工作就是清理,不是吗?然而,回到只有女仆在的地方之后,情况又变了。你在你的'抽屉'里找到了你的东西。你的焦虑得到了进一步的缓解,但你因为一切都井然有序而感到烦恼。"我把这和她前一天的精神状态联系到一起。她白苦恼了,信已经在家等着她了。她有一种扫兴的感觉,她脑海中已经激起的扰动需要一种真实的委屈,当她发现信的时候,她在某种程度上感到了挫败。在现实中她为收到信而开心,但扫兴的感觉还在,我说这种感觉与信本身无关,而是关乎信的延误所搅起的无意识记忆和焦虑。

我表示,她的父亲是一个被遗忘的事件中的重要人物。这个男人必须被取悦,她唯恐自己没能取悦他并对此感到焦虑,根据这一点我推测,她对他不仅有爱的态度,还有一种原因尚不明确的愤怒,这使得取悦的欲望被过度增强,以掩盖对他的某种我们可以称为

"恐惧"的感觉。她昨天强烈渴望收到 X 的来信。当一个孩子强烈地想要某物而无法得到时，就会产生愤怒，得到渴望的事物的欲望就会与恨混淆，从而滋生对拒绝付出的人的恐惧。

我提到了她想要棕色的毛线，以及她对无法提供她想要的东西的店员的不耐烦。我说："你在现成的东西上看到了你想用来织毛衣的毛线。它唾手可得，人们确实有这种毛线，但对你来说得不到。你想要制造一些东西，你想拥有别人有的东西。我就有你想要的颜色的垫子。"

我在这里提到了她谈过的新生儿。然后我归纳了各种指向"制造"婴儿的无意识幻想：毛衣的棕色毛线，把物品整齐地摆放好。我把这些与代表不整洁的东西进行对比，比如散落在月台上的行李、晕船、旧衣服。我指出绣在她荷兰式罩衫上的斑点是对污渍的遮蔽性记忆。我通过她的梦对比了多佛尔洁白的悬崖和航程之后的恶心。我让她注意"我想不起我是从哪儿过去的"这句话。我说这句话非常重要，它暗示了她弄脏自己的一次真实的意外，当时她因为与父母分离而处在压力和焦虑中。我说我们无法确定我们是否知道这一真实事件发生的详细地点和时间，但我们找到了一个具有心理重要性的事件。当时她的焦虑和愤怒表现为突然的大便失禁。她的父母不在场，而我相信当她和女仆一起被送到福克斯通时，她幻想着父母正在"制造"一个婴儿。同样，我将"我想不起我是从哪儿过去的"这句话解释为对"我是从哪儿来的"这个想法的掩盖，也就是，婴儿是从母亲身体的哪个地方来的。我是根据她对接受她的旧衣服的女人的评论，推测出这个幻想的。"如果她告诉我她快要生孩子了，我就不会去麻烦她了。"我的推断是，梦表明的苦恼就是她认为她的母亲正在"制造"婴儿。我说，她在去福克斯通时曾有过自己也"制造"一个婴儿的欲望，以她能幻想到的方式，也就是通过固体状的粪便来"制造"；她对比了液体状的粪便和固体状的粪便，液体状的粪便意味着愤怒和混乱，而固体状的粪便则是稳当的，甚至能放在"抽屉"里，意味着令人愉悦的、代表了爱的礼物，我们能从她对父亲赞赏她处理行李的方式的欣喜中听到其回响。

我现在会对这一节谈话进行评估。通过证据，我们从历史角度得知了她有一段压力很大的时期，当她和父母分离时，这个孩子突然大便失禁，把自己弄脏了。

我们有直接的证据表明病人当下对父亲的固着点，以及她对父亲的意象所持有的矛盾的双重态度，被压抑的愤怒导致的焦虑迫使她要确认自己是讨父亲喜欢的。就评估病人在分析中可以在哪方面以及如何有所收获来说，这是这一节谈话中最重要的启示。除非这一态度有所调整，否则她会因此无法看见通往幸福的最重要因素。如果一心渴望着取悦一个作为父亲的意象的男人，她在现实中就无法评判这个真实的男人在多大程度上讨她喜欢。

在这一节谈话中，我们得知了关于婴儿出生后的肛门和口腔的幻想，以及以肛门的方式表达愤怒的迹象。

我们也看到，她对整洁与掌控的反应在很大程度上受到了对父亲的爱和恐惧的影响。尽管这一点并不明确，但我们有理由推测，这背后可能暗含着对母亲的愤怒，对母亲的嫉妒和敌意受到了对父亲的爱和恐惧的掌控。

在分析中有关母亲的转移表现为她提到垫子的棕色是她想要的，以及她认可或不认可花瓶里的花，这些都承载了她对孩子的幻想。接下来的周末，对这个梦的解释的一个有趣的佐证出现了。到了下一个星期一，她向我描述了上个星期六的经历：她安排与一位女性朋友在河边度过一个愉快的下午。见面时，她发现她的朋友安排了一些不同的活动，新的计划包括乘车去福克斯通旅行。病人说："这一切她完全没有询问过我！她指望我顺从她的安排，而且对我的失望只字不提。我知道'K'无意让我感觉自己像一个小孩，像一个不能照顾自己的不切实际的人，但荒谬的是，她这样恰恰让我觉得她就是这样看我的。我很高兴我有胆量说我不会去福克斯通。"

从当下这个提议去福克斯通的巧合中，我们可以推测出她小时候父母都不在身边，以及她在和女仆一起被送去福克斯通时感受到的情绪压力的强度。这次她能拒绝前往，并且可以用言语来表达她的愤怒和失望。"这一切她完全没有询问过我！"

我选择的下一个梦是一位男性病人告诉我的。这个男人强烈地固着于他的母亲。我想这种表述传达不出多少内容。许多男人都固着于母亲，但并非所有固着于母亲的男人都一样。但如果我告诉你们他是母亲倾注了所有心思的独生子，他母亲的意象比父亲更有支配力，情况就会更加明晰。她提供的心理环境加剧了孩子因其基本冲动而易于产生的种种自然的焦虑。她经常生病。这个孩子不曾放任自己作出一般的淘气行为，尽管没有人对他说这些行为会使他母亲生病。每一种婴儿期的全能信念——相信自己有能力伤害和摧毁那个他最初爱的，之后又由于受挫而憎恨且恐惧的人——都被外部环境加强了。父母双方都限制了他的玩耍，因为他被告知这样玩会对他母亲或自己造成影响。

在分析过程中，我推测病人的童年有一个没有被清晰记住的创伤性时刻，也就是看到经血。我尚未确定确切的日期，但这一观察的重要性和它唤起的焦虑，可以和他母亲告诉他的童年时的一件事放在一起加以评估：他在断奶前就长出了第一颗牙，她不得不给他断奶，因为他咬伤了她的乳房。

分析过程中的主要问题是对女人身体的恐惧。他根深蒂固的无意识信念是，他对在他看来是残缺的身体负有责任。而分析经历了一个迂回曲折的过程，为了揭示他与这种信念对抗的方式。

我将会呈现病人对这个梦的主要的联想。梦本身是这样的："我看见一位女士，她的上身被黑色的东西环绕，遮掩着她的胸部，环绕着她臀部的黑色的东西掩盖着她的生殖器，只有她身体的中间部分是赤裸的。"

以他惯常的方式通过讲述把这个梦打发掉，又告诉我他参观过的几个地方，把这周末的事也应付完毕后，病人松了口气（已经给过我一份肛门礼物了），转向他真正感兴趣的事情。讲述这个故事几乎花费了半小时。故事中提到一名医生同行为了制作幻灯片而绘制的一些生理示意图。它们先是以巨大的比例绘制在一大张纸上，非常详细，并且被涂成红色。为了做成幻灯片，它们要按照比例缩小。病人讲得很详尽，我因为不理解其中的技术，无法复述出来。当幻灯片最终展示出来时，颜色错了。病人大笑，并说道："要想让这些示意图在幕布上显示出红色，就只能用黑色的光了。"

讲这个故事及其一系列科学技术花费了将近半小时，在它结束之前，我正纠结该如何引出更相关的材料。但这一次，和我以往的经验一样，我庆幸自己让病人按照他自己的思路接近他的问题。他直截了当地说："黑色的光就可以投射出红色。"我说："这就是梦中黑色的含义，不是吗？从黑色我们能推测出红色。"他马上回答道："它可以是你想要的任何'该死的（bloody）'[①]颜色。"顺带一提，这是"被压抑物的回归"的一个恰到好处的例子。像这样表达后，他又把他正在讲的话题打发掉，然后重新开始了。这次是一个更短的故事，关于一个之前生病在疗养院待过的人。他以一句评论结束了这段话："疗养院是许多罪恶的掩护。"我在此又打断他："梦中的黑色是一种掩护，不是吗？生殖器和乳房是养育所[②]。"他再次回答："该死的。"

他又一次努力摆脱了这个话题。他回想起了周末的情境，并怀着相当强烈的愤怒告诉我，为了建一个露天浴池，他正忙着挖一个坑。他整个早晨都在忙这个，设计了一个排水口。他耗费了大量的时间和精力在这项工作上。吃过午餐后他回去继续工作，发现两个女孩弄坏了排水道，他重新把它堵上了。病人沉默片刻后咬牙切齿地说："该死的。"

这种情感很快就消散了。他接着用一种不咸不淡的腔调重新开始讲。"我认识的一个女孩长了鸡眼。我给了她一些治疗鸡眼的药，然后告诉她怎么涂上。我告诉她撕下来的时候要非常小心，不小心的话，就会导致皮肤红、粗糙和发炎。"

---

① "bloody"用作语气词时，含义为"该死的"，其本义是"血腥的、血红的"。——译者注
② 文中"疗养院"和"养育所"的原文皆为"nursing home"，"nursing"除了有"看护"的含义，也有"养育"的含义，因此对这两者进行不同的翻译。——译者注

我认为这一分析片段呈现了处理焦虑情境时分析工作的典型状况，它的后续还有待探讨。转移的情况已经很清楚了：梦中的意象就是分析师，是母亲的意象的替代。病人只能通过对我喊出"该死的"来表达他对我的焦虑和恐惧。

他目前正在处理的这个他生活中的焦虑的开端期，可以根据那些巨大且详细的示意图加以评估。母亲对孩子而言是如此巨大，此刻在分析时正在运作的幻想里，分析师也是如此巨大。脏话是他曾经向他恐惧的人——从过去到现在一直恐惧着——进射出的东西的象征物。红色的乳头、红色的生殖器与被压抑的看到经血的记忆混合在一起。我们推测，黑色也指母亲生殖器的阴毛，而"黑色之下的红肿"则与早年看到的女孩的生殖器有关。

他对排水道被弄坏的愤怒，延续了他对自己投射出去的、预期到的伤害自己阴茎的意图的焦虑。这种意图是一种报复，源于他的自己要对残害负责的信念。这种幻想出来的残害首先和乳房有关，然后是生殖器。

最后，这个主题与鸡眼的事件一起出现了。去除鸡眼是对疼痛的缓解，也因此是潜在幻想的理想的对立面。为了不让女孩的皮肤出现粗糙和发炎而给予的关心和细心指引，连同其他联想，清楚地告诉我们，他的信念是，在他的幻想中母亲被阉割了。

与被释放的焦虑有关的一个要点是，他那时可以从事一些体力活动，而这些活动曾经引发他母亲的焦虑。他埋头苦干、浑身发热，这在他还是小男孩时是被禁止的事。任何会让他出汗的劳动或游戏都被禁止，因为母亲担心他可能会感冒。至此我们已经有很多收获。还需要考虑他实际从事的工作，也就是从坑里挖沙子的象征的重要性。他母亲对泥土的反应如此强烈，使他害怕自己会弄脏衣服。他自身对攻击性肛门的幻想的无意识恐惧，以及想得到排泄物的力量——无论它代表食物、孩子，还是母亲体内的父亲的阴茎——的原初愿望，都因他母亲的反应而加剧了。因此他能享受挖沙子这件事也告诉我们，他对这个幻想的恐惧减弱了；挖掘和沙子变得更有象征性，而不是象征母亲的真实的身体。在分析中，我们以某种方式，通过前意识心灵在本我和意识之间建立的联系，让攻击性愿望有意识地展现出来。这个过程最终会使他相信，他过去和现在都有攻击性愿望，以及这些愿望向来都不是全能的。他的愿望并没有在现实中伤害他母亲的生殖器，他也没有把所有其他孩子都从她那里夺走。他是独生子这一事实加强了这个无意识幻想。

大约八九年前，一个美国女孩在我这里进行了为期三年的分析治疗。她在拜访了多名医生后找到了我，其中包括一些著名的神经科医生。她曾经接受过休息疗法和作业疗法（occupation therapy）。她主要的一次精神崩溃发生在成年早期。在国外时，医生给她开过镇静药物，回到家之后她继续服用。在刚来接受分析治疗以及之后的数月中，她都不敢在天黑之前出门，并且必须有人陪同。当时她正遭受严重的抑郁。她早年的生活环境对她的心理健康不利。她是精神病院一名常驻医护人员的女儿，在她很小的时候，她的父亲在巡查病房值班时常常带着她。她的父母关系极不和谐。她的母亲在她童年早期曾离开去度长假。多亏了一个优秀且热心肠的女仆为这个小女孩提供了一个稳定的情感支持，陪她度过了童年时光。

这段分析显得非常不完整，但值得庆幸的是，病人的抑郁症状已经消退，她对外出的恐惧也已经克服，她的焦虑得到了缓解。病人结婚了。

时隔八年，这位病人再次来寻求我的帮助。她哭哭啼啼地过来，说她现在的感觉和她小时候一样，和她之前做分析时一样。她具体面临的困扰是她因为一直想尿尿而非常恐慌。她每隔几分钟就要冲去厕所，因为一直需要尿尿，她很怕出门。和我讲话时她一直在哭泣。

我了解到以下情况：她的母亲在长期旅居国外后即将回家。她离开多年的姐姐也在前段时间回家了，并带回来一个在国外出生的小女儿。我还得知了如下事情：病人最喜欢的猫生病了，它没有保持整洁，而是在家里到处撒尿，并且被"遣送"走了。另外，她有一天大为震惊：她走进丈夫的等候室，看到一位病人坐在椅子上平静地淌着尿。

讲完这些情况后，病人说她能意识到她对撒尿所感到的恐慌和她小时候的恐慌是一样的，她害怕尿在内裤上。她会大叫着说："快点，妈妈，快点。"她的内裤可能会无法及时脱下。

在第二段治疗的最初几节谈话中，病人处在极大的焦虑中，我挑选了她讲述这个梦的那节谈话："我在一间卧室里，一个男人正递给一个女人一些红酒，我也想要一点。他没有给我酒，但他来到我的床上吻了我。我醒来后感觉开心了一点。"

她脑海中首先浮现的是关于她姐姐的联想。她讲道："我完全不想见到她，当我在站台真的看到她走下车厢时，我感觉好像崩溃了，并且大哭。她带着一个小女孩。当然，我之前没有见过她。"

病人谈到了她的猫。她对发生的事感到悲伤，但她说："它真是一个累赘。我必须跟在它后边擦干净。我不得不放下手头的所有事，除了猫，我什么都无暇顾及。它占据了我全部的注意力。"接着病人谈到她姐姐的孩子是多么不需要关注，但她仍感觉整个家庭的注意力都放在她身上。当她和丈夫再次独处，没有其他人碍事时，她感到高兴。她的母亲已经在前一晚抵达并给她打了电话。她马上就计划带上猫和她的丈夫去参加晚宴、看戏和兜风。"当然了，"病人说，"我现在越来越紧张，因为我知道我不能和她一起去，关于上厕所的焦虑占据了我。我不敢告诉她治疗的事，我想她会反对并对我不耐烦，过了这么长时间了，我又像以前那样生病了。我太紧张了，以至于我最后哭了出来，她问我发生了什么。我全部告诉了她，然后我震惊了：我对她的和善和理解感到惊讶。她立刻给了我一些治疗的钱。后来我竟然还和她一起坐公共汽车去了她的酒店。可怜的母亲，我为她感到难过。但我的大惊小怪似乎很荒谬。为什么我要为她感到难过，而不是为我自己？她很好而且独立，过着快乐的生活。为什么我会为她感到难过，想要像我很小的时候说'妈妈，我很抱歉'那样对她说话呢。我猜那时我发生了'意外'，但我不记得这些'意外'了，我只记得对它们的恐惧和喊着'快点，妈妈'。在那种时候，等待的感觉很糟糕。今天我尝试去购物，但我在等商店店员给我商品时陷入了恐慌。他似乎花费了很长时间，我觉得我马上就要冲出去找厕所了。我想对着他喊'快点'。我和你讲了那只猫，还有在等候室惹了麻烦的女人，但我想我没和你讲我们的上一个假期。我在想它是否也是这次焦虑爆发的诱因。我们有一间带有落地窗的卧室，窗外是阳台。我们一直开着窗。一天夜里我们醒来，发现外面正暴雨肆虐。过了一会儿我想我们应该把窗户关上，却惊恐地发现屋子已经被水淹了，而窗户关不上。我们只好把房主叫醒，他大为光火。他说地毯要坏掉了。楼下房间的人跑了上来。水从我们房间渗过天花板滴到了他的房间。处理积水时我们感觉糟糕透了，我以为我们要赔偿损失，但到了第二天，情况并没有那么糟糕，晚上的情况简直像地狱。真奇怪，我之前没有想到这件事情。"

然后她继续说："昨晚我突然想起，我总是告诉你我从来不记得自己上过父母的床。我只记得我想要上去，而妈妈说我已经是一个大女孩了。但现在我清楚地记得我在早晨去找他们，然后和他们一起躺在床上。想到这件事很奇怪，就像想到我母亲曾经给还是婴儿的我喂奶一样奇怪。我不该认为我的姐姐会有更多的孩子。你知道，当我还很小的时候，我母亲曾离开过相当长一段时间。但我有母亲，我也认为父亲很喜欢我。我记得我经常和他一起在病房和花园里巡查。"

有几个原因让这个案例对我们很有启发。其中一点是，时隔八年，分析工作从它之前中断的地方继续进行下去，仿佛不曾有过间隔。病人马上就获得了更深刻的洞察。她意识到了先前从未意识到的童年时的惊恐发作的早期背景，并把它与其中一个正确的原因联系起来。此外，先前意识不到的记忆也轻而易举地浮现了。

另一个有意思的地方是，可以看出分析以某种方式立刻就从它的中止处向前推进到了更深的层次。在我报告的这一节分析中，除了结束时的总结，我什么都没做。焦虑的驱动将思想、记忆和幻想释放出来。被压抑的焦虑并没有造成迂回。在这里起推动作用的不是分析师，而是病人的确信。在这样的分析中，我们要留心不去进行干涉。我们不想错失可能呈现出来的任何幻想、记忆或情感。

这里作出的关键解释，是关于用水进行破坏的攻击性幻想的。

我指出了她为了父亲的酒而与母亲竞争这一点——从这里可以联系到她对令她等待的商店店员的不耐烦。我可以说，"快点，我要撒尿了"等同于她没得到她想要的东西时的愤怒，当时她还是一个婴儿，梦指明了在她把对母亲的爱转向父亲的那段时间，撒尿是一种针对母亲的敌意举动。我得以向病人表明，她之所以为母亲感到难过，是因为她的全能信念导致了两个结果：（1）她的母亲在她很小的时候离开去度长假，之后她的父母就变得疏远了。（2）她的母亲在她之后就没有生更多的孩子，而这在无意识中又是她的攻击性愿望的全能满足。

我接着要讲另一类很不一样的例子。它来自我提到过的对一位五十岁女士的分析。我要呈现的梦是在为期约四个月的分析的末尾出现的。我谈到过她的一个神经症的表现，即无法在任何住所长期安顿下来，多年来她丈夫和她一套又一套地换房子，过了一段时间她总是不喜欢。她满腹牢骚，有时遭受抑郁之苦。她谴责这些特点，但无力控制它们。我就这个案例说过，分析师可能在分析的第一周就知道，她的主要问题之一在于她无意识地相信自己对一岁半的弟弟的死亡负责，她当时两岁半。她这四十七年的生活中的心理构造都与这一信念交织在一起。我指出，尽管分析师可以在第一周就作出这个解释，但这种解释不可能被接受，哪怕被接受了，也只不过是嘴上说一说。病人在宗教上是一位狂热的仪式主义者。任何关于尘世生活的东西对她来说都是可憎的。她渴望避世，并从事精神修行。她听说过精神分析"与性有关"。如果真是这样，她就不会继续了。她定期去忏悔，我知道她会告诉她的牧师分析中发生的事，但我从没有真的听到过她对牧师、牧师对她说的内容。她只有六个月的时间通过分析获得某些帮助，因为在度假和住一段时间的酒店之后，她的丈夫又在准备另一套房子了。

她的困难能在六个月内得到怎样的缓解，显然取决于我的谨慎，我要避免成为与圣洁的天父相对的糟糕的父母。她时刻警惕着我对她说"任何可怕的事情"。在六个月里，我想我从来没有第一个谈起任何关于性的问题。当我谈到性，我都是跟着她的引导，只是稍微比她更进一步。就目前的进展而言，我得到了令我满意的结果。她已经多年没有与丈夫亲热了。以前当他们性交时，她总是很冷淡，他们有各自的床，而且已经分床睡很多年了。当分析行将结束时，她极不情愿地带着羞耻、惊讶和烦恼承认，有一天夜里她爬上了丈夫的床让他爱抚她。她无法理解自己。

我给这位病人的解释全都经过我的大量考虑，它们都基于我对"对于她整个特殊心理状况有可能怎样回应"的推测，而且，我从来没忘记那个牧师。

我要讲的这个梦恰当地展示了我们进行的这一类分析，以及我们能取得的进展。在童年的情境方面，我在很大程度上松动了她的压抑，而无须明确、直白地谈论性的问题，因为这显然会让她停止分析。有意思的是，即使是在这样的限制下，她的力比多还是有所松动，足以冲破她之前向丈夫示好时面临的让人压抑的重重迷雾，尽管她还是试探性和胆怯的。

这个梦是这样的：她走进一间教堂，她很确定牧师在里面接收生日礼物。她感到非常恼火。她试着把坐垫在她的长凳上放好，但她做不到。她翻到另一条长凳上。一个女人正给婴儿喂奶。然后她看到地上有个小水洼，又翻回了她原本在教堂后排的长凳上，但她发现她刚才做的一切都是在观众面前做的。

在讲述这个梦的当天，她处在一种"坏"心情中，我鼓励她告诉我她认为这种"坏"心情是什么造成的，她说她找不到任何原因。她前一晚确实被惹恼了，她发现她平常在酒店休息室的位置被一个陌生人占了，她在他边上打转，希望他能收到暗示让出位置，但他完全不关心，也没有让出位置。女仆在给她送早茶时来晚了。游客越来越多，她想，在那里居留最久的住客，没有像他们应得的那样被优先考虑，而是因为新来的人而被忽视了。她的丈夫在前一晚接待一位访客时也是这样，他们一起聊了很多，但他似乎并没有很留心听她要说的话。

她说，她对我前一天提到的孩子会对他的"运动"① 有所思考这件事感到极为震惊。她不认为孩子会想这样肮脏的事情。这是不得不做的事情，她认为孩子会像母亲一样乐意把它搞定然后清理掉。这对她来说完全是一种新的想法，当我提出孩子可能会对此感兴趣，她感到相当恶心。然而她回忆起她之前在国外，与新交的朋友在一起的情景。她去了幼儿园，有一个小女孩正坐在她的便盆上，这时她的父亲——一位教授，走了进来。病人说："让我震惊的是，这位教授弯下腰亲吻了还坐在便盆上的小女孩，他对她说：'好啊，小家伙，你好吗？进行得怎样？你已经拉了多少啦？'小女孩很高兴，跳起来说：'看，这么多。'教授回答：'乖女孩。'"病人说："我之前从未见过或听过这样的事。我不知道该作何反应，该觉得恶心还是什么，但那个孩子相当高兴。我的丈夫从不会对我们的孩子那样，

———————

① 原文为"motions"，联系后文可推测为"排便"。——译者注

但是我不应该让他在幼儿园里看到那样的事情。"

接着病人停下来，说她想不到其他可说的了。我说："好吧，你和我讲了一个梦。想想它，把它放在脑海中，就像看一幅画一样看着它，如果可以的话，让它唤起其他画面和想法。"她回答道："那些坐垫，还有来回攀爬、坐在后排长凳上……看着自己在梦里做那些事让我想起了我的孩子。在我还只有一个孩子的时候，我推婴儿车时她自然是和我面对面坐着。这样我们就能看着对方聊天。第二个孩子出生后，把他放在婴儿车里出门时，我会让第一个孩子背对着我，第二个孩子则面对着我，坐在第一个孩子以前的位置上。按照分析中谈到这些事情时讲过的内容来看，我猜第一个孩子不喜欢从自己的位置上被移走，但我不记得我的第一个孩子抗议过，就像我不记得自己曾经就我弟弟的事情表示抗议，但你之前暗示过，孩子会对被人'篡位'表示抗议。"

对此，我回答道："但你现在感受到了，就像你小时候曾经感受到的那样。"对此，她说："那怎么可能？我已经长大了，你说的是婴儿期。"

我回答："你埋怨了昨晚在酒店休息室占了你惯用位置的男人。""这不是很自然的吗？"她回答道。"确实，"我说，"认为酒店休息室里的位置是你的私人领地，就和第一个孩子认为婴儿车里的位置属于自己，并怨恨后一个占据它的孩子一样自然，也和在有别人需要招待时你自己没那么被关注，从而感到怨恨一样自然。例如，昨晚聊天的时候，或者今天早晨，新来的人比你先得到服务，而你则被晾在一边。"

根据这次会谈中的其他联想，我还可以给出另外两个解释。其一，我推测这个梦承载了关于她在婴儿期出于愤怒而撒尿的被压抑的记忆；其二，我初步决定把这件事和那个小女孩用排便取悦教授的故事——这是小女孩的第一种送礼物给她父亲的方式——联系在一起。我在这件事和小女孩希望做到母亲做的事的幻想之间建立了类比，我推测，这个梦涉及她父亲从母亲那里接受了孩子这个礼物的那段时间。这是一个"生日"礼物。在这次谈话中，转移的状况可以由病人前一天等了我五分钟这件事加以解释，在这一特殊情况下，我可以让这个事实——病人此时正躺着①，就像躺在后排座位上一样——派上用场，这样，因另一个孩子而被晾在一边的幻想也变得更完整了。

我想，这个梦以及这一类型的案例的细节，很好地阐明了分析中的节奏问题，表明了我们必须跟随由病人确定的节奏。

我会引用一个梦来结束本章，这个梦呈现了一个孩子的现实问题及无意识幻想的清晰图景。这个梦是："我看到一张谱系表被陈列出来，它展示了简·奥斯丁小说中角色的相互关联。"病人进一步描述道："似乎一些角色与新的角色一起出现在另一部小说中，这张表展示了他们如何彼此关联。"这张表，病人说，是按照一般的谱系表的方式排列的，展现了各个后代还有他们的婚姻、孩子，从而能看出这个家庭和其先祖的每一条分支。

对此的联想首先和真实的令人困惑的经历有关。在梦者还是小男孩的时候，他曾经处在这样一种令人迷惑的境遇中：X 是他的姐妹，Y 是他的姐妹，Z 是他的兄弟。A 和 B 都是他的哥哥，但 A 和

---

① 指在精神分析中使用躺椅。——译者注

B 的父亲已经死了，而他自己的父亲还活着。他的母亲也是 A 和 B 的母亲。在梦中，所有角色的关系都很清晰。

梦者选择了一位杰出的女小说家作为对自己母亲的致敬，她"制造"出了成年后卓有成就的孩子。

与此相关的另一个令人困惑的情况，体现在他同母异父的兄弟姐妹身上。它由以下事实体现：梦中的谱系表上有一些标记和记号与乘法表里的类似。我们从中能看出，乘法表对一个孩子来说能有多令人费解。根据对乘法的联想，病人的思路转向了繁衍，我明白了为什么有些孩子甚至难以理解一加一等于二。一个人和另一个人可以"制造"出半打孩子。我在这里呈现的问题要更加困难。一个人和另一个人刚开始"制造"了两个孩子。父亲去世，母亲活了下来。然后一个人和另一个人又"制造"了四个孩子。那第二个父亲会什么时候死呢？他母亲接下来又会和谁"制造"更多的孩子？根据这个孩子所掌握的一系列事实的逻辑，孩子被"制造"出来后，父亲不可避免地会死去。

幻想的更深层次体现在"表（table）"这个词的含义中。为什么乘法表是一张"桌子（table）"？对这个小男孩而言，"桌子"的唯一含义就是吃饭的地方。在孩子自己的经验中，这必然总是对母亲身体的投射，母亲的身体是第一张提供食物的桌子。沿着这条联想的路径，我们触及了最初和最简单的婴儿期幻想，即繁衍是通过食物实现的。

每位病人都有其个体的心理学。分析师不仅要根据关于无意识精神的知识，还要根据他适应具体个体的能力来制定他的技术。一个个体的问题与特殊的环境因素密不可分，如果我们的技术要成为比丈量一切布料的尺更为精细的工具，那么了解这些特殊的环境因素就和了解其他东西一样重要。分析技术是一门应用的艺术，和所有艺术一样，它的原则以其媒介的限制为条件。分析师处理问题的方法、节奏和解释必须与病人特有的人格相一致。油画与水彩，黏土与石材，提琴与钢琴，唱词与小说，每一种都能描摹某种具体的人类情感，但交流的技术大不相同。因此，在处理所有人类共有的情感时，我们的兴趣点永远在于它们在个别的背景下的无数种表现。当分析师适应了他面对的素材时，技术上的细微差异会依照他的工作的特定媒介而出现。

第五章　对单个梦的分析

1. 梦所体现的分析阶段。
2. 分析中的标志性举动。
3. 一节谈话中给出的分析材料，以及分析师的评论。
4. 对这一材料的探查，向病人作出的推断和解释。
5. 体现出分析的进展的后续两次谈话。

这一章将专门讨论病人在关于梦的一节谈话中所说的所有内容。我会简要概述这次谈话后的两次分析中的重要的心理事件，以及由此达到的阶段，因为只有这样，我们才能衡量我们的解释是否有助于针对被压抑和抑制的情绪、态度、幻想或情感记忆形成有意识的理解。

我选择的这个梦不像之前担心尿频的女人的例子那样，直接揭示它的含义。我必须从许多可能的解释中选出一些，以便将注意力集中在它们之上。

我将简要介绍病人的问题的一个特殊层面，以便从我们目前分析的阶段出发，让人们更容易理解我要讲的这次谈话。面对这样一个复杂的个案，如果我试图全面地对它作出评述，一定会使问题变得混乱。

眼下这一阶段是至关重要的。病人的父亲在病人三岁时去世。他是最小的孩子，对父亲只有十分模糊的记忆，能让他明确说出

"我记得这个"的其实只有一件事。他的父亲十分受爱戴，病人只听过关于他的令人钦佩的好事。和父亲以及他的死有关的无意识问题被极大地压抑，以至于在将近三年的分析中，他说起父亲时能讲出的几乎总是他已经死了这件事。重点总是"我的父亲去世了""已经死了"。有一刻，当他想到他的父亲也曾经活生生地存在时，他吃了一惊；而他一定曾经听过父亲的声音，这让他更为惊讶。在那以后，他逐渐能开始理解他生命头三年的历程，以及父亲死后他心理上的变化。正如与父亲的心理联结被压抑、束缚在无意识中，这些联结向我的转移也始终是无意识的。既然他的父亲已经"死了"，就父亲的转移而言我也已经"死了"。他对我没有想法，对我毫无感觉。他无法相信转移的理论。只有当他结束了一段时间的谈话，周末到来时，他才有一丝微弱的焦虑感，而且大概从上个月起，他才仅仅能在理智上考虑到这一焦虑与我或者分析有关。在此之前，他一直把这种焦虑归咎于他总能找到的其他现实的原因。

我想，可以把对他的分析比作一场漫长的棋局，只要我还是他无意识中要向其复仇的父亲——那个一心只想逼死他、将他的军、让他除了死亡别无选择的父亲，这场棋局就会一直这样进行下去。走出困局的唯一方式（没有人能在策略、技巧上胜过他，毕竟在他的幻想中，他的生命就依靠这种技巧而存在），就是逐步揭示他在最初几年曾有过的摆脱父亲的无意识愿望，因为唯有让这个愿望在转移中重新苏醒，才能缓和他对自己在现实中杀死了父亲的全能信念。这个愿望必须在转移中被再次检验，而他自我保存的本能将被全面激活，以抵抗这一愿望。他在幻想中挣扎着保全自己的身体，眼下甚至都不是保全他的阴茎的问题——他的阴茎和他的身体是一回事。

在这一系列错综复杂、相互关联的问题中，难以把某个层面甚至是某个问题单独摘出来。让我们考虑一下保全身体的问题在病人成年生活中的体现：当他准备从事律师职业时，他产生了严重的恐惧症。简而言之，这不是说他不敢在工作上有所成就，而是他必须在现实中停止工作，因为他一定会过于成功。他的父亲交代给小儿子的遗言是："罗伯特必须接替我的位置。"对罗伯特而言，这意味着长大，同时也是死去。这也意味着无意识幻想中吞噬性的母亲的意象被再次加强，她的爱和关照最终只导致了他父亲的死。

分析的任务是减轻他在人生的头三年中体验到的对攻击性愿望的恐惧。只有把这种愿望召回意识，对它及对幻想出的后果的恐惧才能得到调节，也只有这样，力比多愿望才不会始终意味着死亡。此外，为了保存他的身体自我，他只有借助对身体及其功能的幻想，才能促进心理的发展。我想借此说明的是，他的问题是关于身体自我的。当心理自我的活动完全用于保护身体免遭幻想中的歼灭时，这个心理自我只能是薄弱的。目前，甚至连他的智力发展都主要用于防御。知识的掌握只被这一种需要主导。鉴于这位病人的问题是身体性的，我的任务是将他理性化的长篇大论转译成身体语言。他真实的身体问题在于对身体感觉的压抑。他害怕"感觉"。他井井有条的一切努力带来了对肌肉和运动的非凡的控制，这种控制是如此完善，以至于显得自然且不可避免。同样地，他的话语中的结语和措辞也展现了同样的准则。生命的活力丧失了，这种完美是死去的完美，甚至和他父亲有一拼。因此在分析中，我不会放过以身体事件的词语解释抽象事物的机会。另外，我不会专注于他在成年生活中面临的主要问题，即他为什么无法工作、何时能工作，而是专注于他实际上能做的事情，比如打网球和高尔夫球、绘画、刷漆和园艺。因为只要他在这些事情上的压抑和困难被解决，当它们揭示出的幻想能被探讨时，它们就能导向从事职业工作的能力。他说这些爱好是"玩玩而已"。当它们真的只是"玩玩而已"时，工作就不再危险了，因为快乐工作是建立在快乐玩耍的基础上的。

在病人讲述我为本章挑选的这个梦的那天，我没有听到他上楼。我从来都听不到。楼梯上铺了地毯，但这不是原因。有的病人上楼时一次跨两级台阶，我只能听到多出来的那一声踩踏；有的病人匆匆地来，我能察觉到慌张；有的病人肯定会撞到手提箱、雨伞或者扶手；有的病人每三次中就有两次把鼻子擤得像喇叭一样响；有的病人会把帽子、雨伞和手提箱带进来，它们得有个地方放；有的病人会马上把它们扔到空着的家具上；有的病人会谨慎地挑选位置后才把他的东西放下；有的病人直接往躺椅上一倒；有的病人会在躺下前走到躺椅较远的一端；有的病人在躺上躺椅前会犹豫着环顾房间；有的病人直挺挺地躺在躺椅上，直到觉得这个姿势让他累了才动一下；有的病人则会从一开始就动来动去，在谈话过程中逐渐放松、安静下来。

但我从未听到过这位病人上楼。他从来不把他的帽子、大衣或者雨伞带进来。他一成不变。他总是以同样的方式躺上躺椅，总是带着同样的笑脸说出一样的问候，那是一种宜人的笑容，既非被迫，也没有明显的敌意。没有什么比这更能说明问题了。没有任何匆忙的迹象，没有偶然，衣着总是得体；没有匆匆去过厕所的痕迹；头发总是整齐的。他家里的女仆也许会迟到，没有及时送上他的早餐，除非我足够好运，才可能在这次谈话结束之前听到这些事情，通常我只能在第二天得知。他躺下，让自己放松。他双手交叉在胸前。他就这样躺着，直到谈话结束。后来让我感到欣慰的是，他可以在感觉不适时挠他的鼻子或者耳朵了，数周以前，他甚至有了生殖器上的感受。他能讲整整一小时，表达清晰、流畅，措辞得当，没有犹豫和过多的停顿。他用口齿清晰且均匀的语调表达他的想法，却从不表达感受。

我说过我从未听到他上楼的声音，但在这次谈话的前几天，在他走进房间以前，我留意到了非常微弱、谨慎的咳嗽声。当我说我为捕捉到这样微弱、谨慎的咳嗽声而狂喜时，你们就能判断无意识在他身体上的表现是多么匮乏。我没有提起它，希望它能更大声一点。让这位病人注意到无意识的表现就意味着终止它。他的重要目标是不泄露自己，控制一切让他暴露的东西。而且他能很快注意到任何无意识的表现，并阻止一切自发的行为。

在一番问候之后，他躺了下来，让我失望的是，他用惯常甚至刻意的声音说："我在思考我进房间前小小的咳嗽。这几天我一直在咳嗽，我已经注意到了，我不知道你有没有察觉。今天，当女仆喊我上楼时，我下定决心不要咳嗽。然而让我恼火的是，我刚刚这样决定就咳出来了。某些事情在你身上或通过你发生，而你不能控制或不去控制，这样的事情最恼人了。人们会认为它服务于某些目的，但很难想到像这样的小小的咳嗽声能为什么目的服务。"

（分析师）"能为什么目的服务？"

（病人）"好吧，就是，如果要进入一间有情侣的房间，人们就会做这样的事。快到有情侣的地方的时候，人们可能会谨慎地轻轻咳嗽，好让他们知道自己会被打扰。我自己就这么做过。例如，在我还是一个十五岁的小伙子时，当我的哥哥和女友在会客室里，我会在进去前咳嗽，如果他们正抱在一起，他们就能在我进去前停下。这样他们就不会像被我抓了现行一样尴尬了。"

（分析师）"那为什么要在进来这里前咳嗽？"

（病人）"这挺荒谬，因为一般来说，如果有别人在里面，我不会被叫上来，而且我完全不会这样想你。依我所见，完全没有咳嗽的必要。然而，这让我想起了我的一个幻想：我待在一间我不该出现的房间里，想着某人可能会觉得我在这儿，然后我想，为了避免有人进来并发现我在里面，我要像狗那样叫。这样就能伪装我的在场。这个'某人'就会说：'哦，里面只是一只狗。'"

（分析师）"一只狗？"

（病人）"这让我想起一只狗蹭我的腿，它其实是在自淫。我羞于告诉你，因为我没有阻止它。我让它继续了，而这时某人也许会进来。（病人咳嗽了）

我不知道为什么现在会想到昨晚做的梦。这是一个庞大的梦。它持续了许久。要讲完它，我得把剩下的全部时间都用掉。但不用担心；我不会用它麻烦你，因为我完全回忆不起来了。但这是一个刺激的梦，充满了事件和趣味。我燥热地流着汗醒来。它一定是我做过的最长的梦。我梦到我和我的妻子一起环游世界，我们抵达了捷克斯洛伐克 ①，在那儿发生了各种各样的事情。我在一条路上遇见了一个女人，这条路现在让我想起我向你描述过的最近的两个梦中的一条路。在梦中我和一个女人当着另一个女人的面进行性游戏。

---

① 欧洲中部旧国名。1993 年解体，分为捷克和斯洛伐克两个国家。——译者注

在这个梦中也是这样。这一次，当我们进行性行为的时候，我的妻子在场。我遇到的那个女人外表热烈，我想起我昨天在饭店看到的一个女人。她有着深色皮肤和饱满的双唇，非常艳丽且看起来很有激情，很显然，只要我怂恿她，她一定会回应。我料想，肯定是她触发了这个梦。在梦中，这个女人想和我性交，她采取了主动位置。你知道，这样我就方便得多。如果这个女人能这么做，我就省事了。在梦中，这个女人真的骑在我的身上；我刚刚才想起这一点。她显然想要把我的阴茎放进体内。我能根据她的动作猜出这一点。我不同意这样做，但她非常失望，我想我可以'手淫她'。以及物形式使用这个动词听起来挺不对劲。人们可以说'我手淫'，这是对的，但用及物形式使用这个动词就完全错了。"

（分析师）"用及物形式使用这个动词就'完全错了'？"

（病人）"我知道你的意思。我确实只给自己手淫过。"

（分析师）"只？"

（病人）"我只记得我曾给另一个男孩手淫过，我忘记了全部细节，而且我羞于提起它。我只记得这一次。这个梦在我的脑海中的印象很生动，没有高潮。我记得她的阴道裹住了我的手指。我看到了她生殖器的前端，外阴的末端。某种巨大、突出的东西向下挂在那里，像'兜帽（hood）'的一个褶子。它像一顶兜帽，这个女人就是用它来接近我的阴茎的。阴道似乎包裹了我的手指。这个兜帽看起来很奇怪。"①

———————

① "hood"一词可以指兜帽、罩子，也可以指阴蒂、包皮。但因为本章的病人没有直接提到阴蒂，这里暂且把他说的"hood"译作"兜帽"。——译者注

（分析师）"心里想着它的样子，你还能想到什么东西？"

（病人）"我想到一个洞穴。我小时候居住的地方的山坡上有一个洞穴。我经常和我母亲去那儿。从步行道上就能看到它。它最显著的特征就是它有悬垂着伸出的顶部，看起来很像一片巨大的嘴唇。我小的时候觉得它像一只怪兽的嘴唇。我突然想到'阴唇（labia）'意味着'唇（lips）'。有某个笑话是说有一个阴唇是横向的而不是纵向的，但我不记得这个笑话是怎么讲的了，里面对比了中文书写和我们的文字书写，是从不同的方向或者是从下往上写的。当然了，嘴唇是并排的，而阴唇是从前往后的，也就是说，一个是纵向的，另一个是横向的。我还在想'兜帽'。"

（分析师）"嗯，现在是怎么想的？"

（病人）"在我记忆深处，第一次参加高尔夫课程时，我遇到了一个非常风趣的男人。他说他能便宜卖给我一个高尔夫球杆袋，声称料子是'汽车篷罩（motor hood）'。我记得他的口音，那是我绝对忘不掉的。（模仿口音）模仿他的口音让我想起一位在广播里以模仿著称的朋友，她模仿得很巧妙，但告诉你这个，听起来像在'炫耀'，就像告诉你我有一个多么棒的无线电收音机，这种感觉就像在炫耀一样。这个收音机能轻松地收到所有电台信号。

我的这个朋友的记忆力很好。她甚至能记得她的童年，但我十一岁以前的记忆力非常差。然而，我记得我们最早在剧院听到的歌，之后她模仿了那个男人的演唱。那首歌的歌词是：'你从哪儿搞到那顶帽子，你从哪儿搞到那顶高礼帽？'[①] 我的思绪又回到了'篷

---

① 此歌是创作于1888年的一部喜剧中的歌曲，常在剧院演唱。——译者注

罩（hood）'上，我在回忆我坐过的第一辆车。但当然，它们刚出现时叫作'机动车（motor）'。我记得它的篷罩，你看，又是'汽车篷罩'。行吧！这辆车最显眼的特征就是它的篷罩。在不使用时它被捆在后面。它的内里衬有猩红色的条纹。车的最高时速大约是六十千米，这个速度对车辆的寿命是有益的。奇怪的是人们会谈论汽车的寿命，仿佛它们是人类一样。我还记得有一次在车里晕车的经历，这让我想到我小时候坐火车时，有一次不得不往一个纸袋子里撒尿的情景。我还在想篷罩的事。"

（分析师）"你说它被皮带捆在后面？"

（病人）"是的，没错，这让我想起我以前是怎么收集皮带、切割皮带的。我想我要用这些皮带做一些有用的东西，但我估计会做一些没必要的东西。我不愿意认为这是一种强迫；这就是为什么咳嗽让我恼火。我猜我剪断我姐姐的凉鞋也是同样的道理。我对此印象非常模糊。我不知道我为什么要这样做，也不知道剪完了之后想用皮带做什么。

不过我突然想到了婴儿车里绑小孩子的带子，我马上想说我们家没有婴儿车，然后我想我怎么这么笨，我肯定有过一辆婴儿车。我无法回想起它，就像我也不记得我父亲坐在轮椅里被推着走，尽管我有看到轮椅的模糊记忆。

我突然想起我要寄信给两个成员，通知他们已被录取加入俱乐部。我吹嘘过自己比上一任秘书更好，但我忘了给人们邮寄加入俱乐部的通知书。'啊，好吧，我们"没做到（undone）"我们本该做到的事，我们一无是处。'"

（分析师）"没做到？"

（病人）"好吧，我本来想说这个词让我想到'门襟扣（fly button）'，我从来没有让门襟'敞着（undone）'过，从未忘记过，但让我震惊的是，上星期我的妻子注意到我忘了。那是在一次晚餐上，我在桌底偷偷地把它们扣好。我现在想起了一个梦，我记得在梦中有一个男人让我扣好我的大衣扣子。这又让我想起带子，想起我小时候每晚必须被固定在床上以免摔下来。我猜我也曾被绑在婴儿车里。"

我现在要按照出现的顺序回顾一下潜在思想中反复出现的主题。

1. 咳嗽。

2. 关于咳嗽的目的的念头。

（1）想起了待在一起的情侣。

（2）拒绝了有关分析师的性幻想。

（3）关于出现在自己不该在的地方，以及学狗叫把别人引开的幻想。

（4）还是狗，唤起了让狗自淫的记忆。

在这个关头他咳嗽了（和学狗叫类似），并突然想起了梦。

3. 下一个主题是梦。对梦的叙述中，有他实际见过的一个女人的生动图像，她有着（1）饱满的嘴唇，（2）在梦中，女人的阴户像兜帽一样伸出，她用它来接近他的阴茎。这发生在一条路上，在他的脑海中这条路与两个梦有关，在梦中他与一个女人当着另一个女人的面玩性游戏。

在讲述梦中的性游戏的过程中，他反对将"手淫"用作及物动词；"这完全错了"。

4. 下一个主题是兜帽；它让他想起洞穴和悬垂着的顶部，它像一片嘴唇。

5. 然后他从阴唇和嘴唇转向了有关横向的东西和纵向的东西的念头，以及一个他记不起来的笑话。他再次想到了兜帽。

6. 下一个主题从兜帽转向了汽车篷罩，他因一个男人的口音而想到了这件事。他模仿了这个口音。

7. 这让他想到他朋友在模仿上的技巧，尤其是对一个男人的模仿。他批评自己"炫耀"他的朋友，就像他炫耀了他绝妙的无线电收音机。他想起她的记忆力很好，而自己的记忆力不好（现在回想起来了）。

8. 他又回到篷罩的主题，想起他乘坐的第一辆车，篷罩上有猩红色条纹的内衬，能被捆起来。他在车上晕车了，然后他想起小时候在火车上撒尿。

9. 有皮带的篷罩让他想起童年的一段时期，当时他强迫性地剪断皮带，有一次还剪了他姐姐的凉鞋。

10. 皮带让他想到被绑在婴儿车里的孩子。他推测自己一定有过一辆婴儿车。家里有两个比他大的孩子。

11. 他想起自己没有给俱乐部新成员邮寄录取通知书。他还没做到自己应该做到的事情。

12. 门襟扣没有扣好。

13. 他在梦中被要求"扣好扣子"。

14. 他接着回到皮带的主题，想起听别人说他曾被固定在床上，以免摔下来，并猜测他也曾经被绑在婴儿车里。

首先，最重要的一件事是找到关于这个梦的含义的关键线索。我们可以通过关注病人想起它的确切时刻来找到线索。他正谈到一只狗在他的腿上自淫的事情。在这之前他谈到自己模仿狗，也就是说，他将自己等同于狗，然后他咳嗽了。接着他想起了这个梦，一个漫长而刺激的梦，他燥热地流着汗从梦中醒来。对这整个梦的含义的推测是，它是一个手淫幻想。这一点是最重要的。关于这个手淫幻想，我们要注意的另一件事是能力的主题。他梦见环游世界，这是他做过的最长的梦，要花费整整一小时来讲述它。与之相对应的还有他批评自己"炫耀"他朋友能向全世界传播她的模仿能力、他的无线电收音机能收到所有电台信号。要注意，他自己模仿了那个口音吸引他的男人，这是一种很重的口音，他偶然提到这个男人"曾经当过屠夫"。

这里的模仿，无论是朋友的还是他自己的，都有着模仿更强大或出名的人的含义。这是理解手淫幻想的含义的进一步线索，也就是说，在幻想中他模仿着另一个人，一个有着巨大力量和能力的人。

由此引出的下一个问题是，为什么会有关于如此强大的力量的幻想？答案就在梦中。他正在环游世界。我认为这个念头与他在描述梦中的"兜帽"时想起的实际记忆是相应的，梦中的"兜帽"非常怪异，因为这表明他不仅仅在描述"兜帽"的一个突出的褶子，这个"兜帽"还悬垂着，像洞穴的"唇沿（lip）"。因此我们一下子就能看出阴户的"皮褶（hood）"和阴唇被比作山坡上的洞穴，他和他母亲一起去过这个洞穴。因此，手淫幻想和巨大的能力有关，因为他梦见自己正在环绕整个地球母亲，梦到他配得上突出的唇沿之下的巨大洞穴。这是第二个要点。

接下来我想让你们注意关于嘴唇和阴唇的联想。激起这个梦的女人有着饱满、鲜红且热烈的嘴唇。在梦中他看到了阴唇和皮褶的生动画面。洞穴有悬垂的唇沿。他想到了像阴唇一样纵向的东西，还有横向的东西——我想在这里指出，他把阴唇和嘴唇做了对比。

此外，他还想起了他乘坐的第一辆汽车，它的篷罩和猩红色的内衬。然后他马上想到了车的速度，说"车的最高时速"是多少千米，然后讲到汽车的寿命，并注意到人们谈论汽车的方式就像在谈论人类。

根据梦中外阴和皮褶的画面，以及其他丰富的联想中的"猩红色条纹内衬"、突出的唇沿和篷罩的画面，我推测他和母亲一起参观真实洞穴的记忆，也作为一种遮蔽性记忆发挥着作用。我推测，同一个被遗忘的记忆也被投射至有猩红色条纹内衬的汽车上，而汽车的"最高时速（peak of speed）"也和梦中突出的性器官有着同样的含义——它代表"皮褶的顶部（peak of the hood）"。我推测他有一段被压抑的真实记忆，是关于看到某个比他年长很多的人的性器官的；当时他还非常年幼。我是根据汽车、洞穴、环游世界以及所需的巨大力量这几个关键点同时推断出来的。我把顶部和皮褶解释为阴蒂。病人的姐姐比他大八岁。根据他提到的他女性好友的嗓音、声音、口音、一个男人的声音，且对她的描述和她模仿男性有关，我推测他至少在非常年幼的时候看到过姐姐的性器官，注意到了阴蒂，并且听到了她撒尿。但结合我们到目前为止的全部分析工作加以考虑，我相信除此以外还存在其他婴儿期情境，那时他很有可能看见过他母亲的性器官。我的意思是，在有些情况下，比如当孩子裹着毯子躺在地板上的时候，这可能会发生。到目前为止，这是我对这位病人构建画面时特别偏好的视角——从下往上看的视角——的唯一解释。关于梦中的女人，我的另一条线索是她的深色皮肤。他实际选择的女人一直都是金发的类型。在先前的谈话中，他曾告诉我他的母亲有一头黑发，而他总把黑发女人与激情联系在一起。

下一个要点是童年时期手淫的证据。我们知道在他回忆的一个梦中，他被要求"扣好扣子"，而且这个梦是连同被固定在床上的记忆一起想起来的。他说这是为了防止他摔下床。对此，我联系到了分析中的其他材料，当时他告诉我，他被固定在床上是因为他"太不安分"，而且他也曾说过，他能想到的最能惹恼一个孩子的事情，就是妨碍他运动、以任何方式束缚他，但他不知道为什么自己这么肯定这一点，因为他从来不记得被限制过自由。根据他提到的"皮带"和"被固定在床上"，我们有理由推测他在童年早期受到的一些行动限制与手淫有关，而早期的手淫在其幻想的内容方面与当下的梦具有相同的性质。

我们现在可以讨论更进一步的细节。我们有两次提到了强迫。第一次是关于"小小的"咳嗽声，尽管他努力控制，但还是不自觉地咳出来了——他极其反感这件事。另一次是他提到他童年早期割断皮带、剪断姐姐的凉鞋的行为。他非常不情愿地承认这种切割是强迫性的。关于强迫性、攻击性的讨论，需要注意的是话题出现的顺序：皮带，婴儿车上的带子，拒绝认为家里有过婴儿车，想到家里肯定有过婴儿车，然后想到在他之前家里有其他孩子，以及最后一刻他记起自己忘了给俱乐部的新成员邮寄录取通知书。这一顺序让我们有理由说，他在回忆他肯定有过的婴儿车时感到的困难，以及承认"有其他孩子"时感到的困难，是源于他不希望母亲在他之后有其他孩子，进一步说，他早年的"切割"呈现的攻击性肯定是针对潜在的、令他讨厌的竞争对手的。这种攻击性在当下的表现，就是忘记给新成员邮寄录取通知书。童年的幻想则是把他们切碎或者切割出去。

我们还可以做进一步推测。当他提到忘记邮寄录取通知书这件事时，他马上说"我们'没做到（undone）'我们本该做到的事"，然后他想起最近发生了一件很不寻常的事情：他发现他的门襟扣没扣好。这个"忘记"所隐含的无意识愿望就是展示他的阴茎，但是在这一系列话题的背景下——先是由切割展现的攻击性，然后是不邮寄录取通知书——阴茎被无意识地和攻击性幻想联系在一起。根据过去的分析，我在此有理由将阴茎的攻击性幻想和手淫联系起来，并和尿床联系起来，因为在先前的谈话中，他讲到导致他被固定在床上的不安分行为，也提到了尿床。你们会注意到，提起他忘记扣好门襟扣便唤起了他对相关的一个梦的记忆。在梦中，一个男人敦促他把扣子扣好。

这将我引向更进一步的推测。在谈到咳嗽时，他的第一个想法是提醒一对情侣他正在靠近。他想起他的哥哥和女友在一起时，他曾用这种方式提醒过他们。我们知道弟弟在走进房间前发出这样的提醒会产生什么影响。情侣会彼此拉开距离。他可以通过咳嗽分开他们。用他的话说："这样他们就不会像被我抓了现行一样尴尬了。"这种为了避免尴尬的极度小心再次证实了我的推测。前段时间，他参加了一场国王和王后会出席的活动。他是开车进城的。他对此感到焦虑，但一直不清楚是什么具体的幻想引发了焦虑。最后发现是："假如他不知道究竟该把车停在哪里，假如正当这时国王和王后抵达了，他的车把路堵住了，而且车发动不了，因此妨碍了这对皇家夫妇的行进——这是最尴尬的处境。"

因此，从他进入房间前谨慎地咳嗽，我们可以看出对一种婴儿期情境的微弱、程度较轻的再现，当时他并非出于谨慎和无法动弹而阻碍了一对"皇家夫妇"的进程①，而是通过突然的肠道蠕动或者哭喊，我们猜测，这些举动有效地使他达到了目的。

关于梦中一个具体的细节，也就是他认为女人用来接触他的阴茎的突出物，我们有理由作出进一步解释：从之前表现出的攻击性幻想来看，女人的性器官对他来说会是攻击性的。注意这些真正危险的部位：（1）等同于阴茎的突出物，（2）阴道。他不敢放心地把阴茎放入阴道，而是放一根手指进去。此外，从"悬垂的唇沿"的联想以及关于纵向和横向开口的联想中，可以看出嘴唇和阴道被等同起来；由此我们可以得出"阴道如同长着牙齿的嘴"这一幻想。

再做更多的解释就是在猜测了。我实际给出的解释是直接从谈话材料中得出的，我要么是直接联想，要么是关注一系列的想法的背景，要么是把此次谈话中的联想和其他谈话联系起来。

这是把握所说内容的完整含义的尝试。

我没有像我在书中写的这样向病人作出解释。我必须从上述的一切中选出最重要的、最有助于让被压抑的材料回归意识的东西。我是在病人的需要，也就他对攻击性的身体运动的恐惧的引导下作出选择的。我首先选出的是咳嗽。我选它，是因为它是谈话中具有强迫性质的东西的转移性表现，它无论如何都能与童年被压抑的强迫性、攻击性行为关联起来。

我提到他在描述他的咳嗽时曾两度使用"小小的"这个词，然后说他用这个词是在低估与咳嗽有关的幻想。我着重把它与那个梦联系起来，指出那个梦在整体上如何体现了巨大的力量和能力。

———————

① 这里指的应该是病人在小时候曾打断父母性交。——译者注

接下来我把他的注意力引向咳嗽的目的，它和让情侣分开直接有关，并且我说，与此有关的一些幻想现在肯定无意识地和我自己有关。他说过他不想用大段的复述来让我烦恼。然后我提到了"国王和王后"的事情，并推测这一全能幻想根植于婴儿早期，当时他能够阻止或打断他的父母性交。

之后我联系到了有关攻击性的联想，我推断他曾希望阻止更多的孩子出生；由于在他之后就没有更多的孩子出生了，这一事实加强了他全能的攻击性幻想，并进一步助长了他对母亲作为复仇者的意象的畏惧。然后我声明，我认为他确实见过母亲的性器官，复仇的幻想被投射到它们之上，这些幻想对应着和他自己的阴茎有关的攻击性幻想，即他认为他的阴茎是会咬人的、惹人烦的东西，还有他的尿的力量。以上我说的这些都是梦中的手淫所代表的含义。

现在我会简要地指出接下来的两次分析中的要点。

第二天，病人说他上楼时没有咳嗽，但有轻微的腹绞痛。这让他想到童年时突发腹泻，除了绞痛，还经常伴随着剧烈的放屁。"我很好奇，"他说，"说不定咳嗽实际上意味着放屁和腹泻？"我回答道："现在你自己发现了它的含义。"这次谈话中他关注的是自己打网球时的问题，他难以用力扣球把对手逼入死局。

第三天，他告诉我，他前一天离开家时有过腹绞痛。然后他对我说，他一直没法开他的车，因为一些维修还没完成。修车师傅人很好，非常友善，根本不可能对他生气。但他还是想开他的车。目前他并不是迫切需要这辆车，它不是必需品，但他想要它，他喜欢它。

借此契机，我把友好善良、让他无法生气的修车师傅和他的父亲做了对比。病人说，这准确地表达了记忆中他对父亲的情感。这一次我可以处理力比多的愿望了："车并不是必需品，但他想要它。"我等了很长时间才有机会作出这个解释。在这里，力比多的愿望终于被表达了出来。第四天，病人有一件事情要坦白：这是他从小男孩长大成年以来，第一次在睡梦中尿床。

因此，在这三次分析中，身体上的表现依次为咳嗽、腹绞痛和真正的尿床。尿床这件事让我们首次真正触及了婴儿期他与父亲竞争的情况。

在这次谈话中，我得以肯定地谈起分析中表现出来的父性的转移，还有婴儿期曾以种种身体的方式表达出来的针对父亲的攻击性的竞争幻想。

在一个点上我错过了询问更多信息的机会，这是一处明显的遗漏，尽管在为这位病人工作时，我只在必须推进分析时才打断他。我指的是梦中"捷克斯洛伐克"这个元素。

最后，你们可以理解我为什么很少说话，为什么我只提很少的问题，而且这些问题也几乎都是单音节词表述。原因就在他的梦和他的表述中："她采取了主动位置。……如果这个女人能这么做，我就省事了。"这意味着再一次掩盖他婴儿期的攻击性的问题。为了帮助这位病人，我必须在有些时候像这样尽可能地让他采取主动。

在我讲解的这个梦之后，又有两个梦中出现了明确的父亲的意象。在这次分析后的一天，在网球场上，一个将他击败的对手开始取笑他糟糕的球技。我的病人圈住了这个霸凌者的脖子，开玩笑地用扼颈的动作控制住他，并警告他不许再取笑自己。这是他自青年以来第一次能以玩闹的方式去触碰一个男人——更别说是去展示自己的体力了。

第六章　梦的分析中的问题

1. 在梦中重现被压抑的记忆之前，个体所体验到的特定情感特征。

2. 梦体现了（1）被压抑的记忆；（2）幻想。

3. 了解梦的刺激物的重要性：（1）在分析之外的；（2）在分析之内的。

我将用这一章阐述和梦的分析相关的各种问题。

可以把被压抑的无意识冲突理解为以下四个层面：（1）婴儿期的爱恨冲动的驱使下，个体想要实现的行为，但这些行为没被实施也未曾实现。（2）与童年时期经历的创伤事件有关的冲突，在恨的冲动的驱使下，个体无意识地将其归咎于婴儿期的全能感：比如父母、兄弟姐妹的死亡，或者他们的疾病和不幸遭遇。（3）和某些事情有关的冲突，它们由于个体知识的欠缺而被当作灾难，但实际上不是这样，比如女性的性器官和月经。这些自然现象由于和婴儿期的攻击性有关的内疚感而被认为是灾难。（4）和个体过去的实际行为有关的冲突。这些冲突与婴儿期的爱和恨交织在一起，因此，我提到的种种类型的灾难，无论是幻想的还是真实的，都与童年的那些其实大多无害的活动联系在一起。我发现自己倾向于强调病人的实际经历，比如各种痛苦或愉悦的身体感受，以及对内外刺激的真实反应。有时候，我们不得不首先通过幻想来接近被压抑的真实经历；有时情况确实如此，有时则不是。我们必须接得住各种材料，但即使是妨碍了成年病人在现实中的工作的婴儿期全能幻想，也是以婴儿期的实际情况为背景的，幻想根植于其中，未曾受制于成年后的现实。我是指，例如，一个孩子有时确实能把父母分开，控制他们以达成自己迫切的目的。

无意识精神中的全能幻想可以提供在现实生活中圆满完成工作所必需的驱力，但我在这里关心的是全能幻想所引发的恐怖感，这种恐怖感会阻碍和破坏生命能量。在我前面提到的案例中，我自己最终希望找到的不仅是把父母分开的幻想，而且是它的一些事实依据，比如孩子尿床或喊叫的行为确实把父母分开了。在这种情况下，父母基于自己的心理反应作出的行为会构成一种环境因素，从而增加或减缓孩子对自己的全能幻想生活的恐惧。我自己探寻的似乎总是孩子的感觉活动本身，即孩子的感觉经历，孩子的活动，以及它们与幻想的对应，这些幻想是在那个模糊的现实阶段构建起来的。

幻想与现实是整体经验的两个面向，为了了解全部真相，我们须找到那一心理时刻，不能忽略任何一方。

在分析一个梦的时候，一次谈话的主要收获也许是一个童年时期幻想，但即便如此，我也认为其价值仍属有限。在实际的联想中，我们也许会获得真实情况的相关材料。值得留意的是，梦的刺激物是当下的真实刺激，它与最早的婴儿期情境——当时生命在外部和内部的同时刺激下开始了——产生了共鸣。如果一次谈话主要用于还原幻想，或者借助梦来阐明幻想，那么我会在心里记着一个尚未解决的问题：这个幻想是在何处、如何与被压抑的真实情境相关联

的，它又如何在转移的背景下被重新搬演。

我现在会给出一个被压抑的情感记忆返回意识的实际例子。

一位病人讲述了这个梦：她看到一艘远洋邮轮停靠在码头，它的边上是一艘巨大的飞艇。她说，当她躺在躺椅上时，暖炉上的毯子看起来特别大，然而一旦站起来俯视它，它就变小了。在这次分析中，她记起了一个船形的贸易符号，符号底下有一个顶端朝上的三角形，触碰到了船身。她说："我看不出这个三角形和船之间有任何联系。"我指出，在她的梦中，船和飞艇是并排的，因此它们之间没有联系，但在真实的贸易符号中却有一个联系①。也可以从愿望满足的角度加以解释，因为在梦中她让两个"符号"并排放置，而在现实中它们是相连的。她相当愉快地说："是的，我明白了。"她同意这一点。"我的思维这样安排它们，是很巧妙的。"

这样的谈话还只是初步的。她确实见过一个船和三角形顶点相连的贸易符号，这一点我记住了。只有野蛮的分析师才会因为病人见过这个贸易符号，就断言她曾经见到她父母性交；然而，她的梦否认了这个真实的贸易符号所断定的东西。我的推测是，正因为她极度专注于现实，我就必须留意她对现实的否认。

一周以后，分析情况出现了巨大的反差。病人以一种筋疲力尽的状态躺在躺椅上。她对严重的疲劳大发牢骚。她好几天都感到疲惫，而且找不到原因。事实上，她最近睡得比以往更早。她正处于月经周期，但月经"从来没有引起过这样的问题。它确实是一个麻

---

① "联系"的原文为"connection"，也可以指空间上物体之间的接触。——译者注

烦，但它从未像最近两个月这样搞得我晕头转向。它现在很准时，而以前经常推迟，但它越是规律，我就越是能感觉到它，我感觉糟糕透了"。她一反常态，一动不动地躺着。她漫不经心地想到明天要出门吃晚餐。她把玩着一颗纽扣，然后想起她明晚要穿的大衣掉了一颗纽扣。她要是穿着掉了一颗纽扣的大衣，X肯定会不高兴。他是一个讲究的人。她的语速越来越慢，伴随着哈欠，她伸伸懒腰，叹了口气，最后定定地躺着，一副疲惫的样子。我有好一会儿没说话。她轻轻干咳了一声。我非常了解这种咳嗽，它与感冒、黏膜炎或喉咙嘶哑都无关。她又咳嗽了一次。为了让停顿不那么让人扫兴，我说："你今天感到困难。"她回答道："除了我有多累，我想不到任何可谈的事情。""偶尔，"我说，"这样的情况出现时，可能是有梦没被想起来。"说出这句话后，她爆发了剧烈的咳嗽。最后她惊呼道："怎么会？是的，我的确做梦了，我想想我能不能记起来。它非常短。我好像是在乡下。那里有一片草地和一栋刷成白色的建筑。它很高大，我在里面，我想是在楼上，那是一个有意思的地方，似乎地板的中间有一个洞。"

我们的谈话现在只剩下二十分钟。在这二十分钟里，病人几乎在说每句话前都要咳嗽。这二十分钟工作的主旨是：这栋"高耸的（lofty）"建筑原来是她印象中乡下的一栋真实的"阁楼（loft）"，她小时候在那里度假。然后她想起和一个当地的小男孩在果园里摘苹果的情景。当时他们和另一个小男孩起了争执，并因此被追着跑。然后这对干了错事的小孩躲进阁楼里，在那儿待了很久。病人剧烈地咳嗽。接着她说："我记得他把我的手塞进他的裤子里，但我不记得感觉到他的阴茎。然后他把手放进我的衣服里，他摸到了我的胸衣，你知道的，那种小女孩穿的胸衣。他说：'你那上面有多少颗纽扣，它们是用来做什么的？'我感到非常羞耻。"

我帮了她一把。我不想冒让她对我说谎的风险。我不想让她放弃最终克服阻抗的胜利。我还记得"刷成白色（whitewash）"① 的高耸建筑。我也记得她上周对关于船、飞艇和贸易符号的梦的否认：看不出它们之间有任何联系。我想到，只要她抹除了自己生活中的真实情况，她就不会相信她父母之间有过任何"联系"。于是我说："你过去几天都感到疲倦，因为你在和这段记忆做斗争。记忆挣扎着想要被认出来，但你内心中谴责的部分试图瞒住它。这场斗争占用了你全部的能量。"我指出她在分析中提到了纽扣，以及如果她少了一颗纽扣，X 会不高兴。他是如此完美和讲究。我不带假设（当我对事情不确定时，我会毫不犹豫地说这是一个猜测）地说："我确信你有一天能更加明确地补上那段记忆。有迹象表明你感觉到了他的阴茎，他也感觉到了你的阴部。"她谨慎地说："你是从梦里知道这个的吗？"我说："好吧，你说过阁楼的地板中间有一个洞，不是吗？"她回答道："阁楼上总是有一个洞的。"然后我说："小女孩身上也总有一个洞，只是出于某种原因，你只想起了纽扣。"在这次谈话的结尾，我提到了她的经期，我说，幻想中的流血的原因和这个事件，以及其他尚不明确的事情都是有关的。

这次分析展现的许多迹象都表明一段真实的记忆正努力回到意识中。之前两三天的分析中完全没有出现重要的发现。随后，病人描述了"远洋邮轮和飞艇"的梦，此时分析过程中的阻抗明显地增

---

① 原文"whitewash"也有"掩饰"的含义。——译者注

加了，导致我不得不慢慢来。继而，病人出现了身体上的疲劳和咳嗽的症状。此外，还有一件我在叙述中省略掉的事情：在讲述梦时，病人的眼睛突然感到了酸胀和刺痛。

第二天，病人又生龙活虎了。她身体上的反应消失了，之前持续的抑郁情绪也不复存在。这种经历对这位病人来说很典型。我知道这时被压抑的记忆正在进入意识层面，但我不认为这是她特有的表现。我一次又一次地发现，疲劳、无精打采、记不住日常琐事以及找不到事情可说，这些阶段是情感记忆试图进入梦和意识的前奏。当这样的阻抗阶段出现时，记住这一点是很有帮助的：内部心理冲突会消耗能量，也必须考虑到时间因素，而这一时间因素因人而异。

我曾被问过要如何区分进入意识的是幻想还是真实的记忆。真的有必要纠结于区分两者吗？如果我们获知了幻想，也就是无意识愿望，则我们不就了解了这个情况的动力学了吗？确实，一些动力性的幻想永远不会成为现实，但我仍然认为，如果它们真的具有动力，那么最富有幻想的那些也是与感觉经验相关的。随着分析的深入，我总是努力寻找幻想的真实基础，寻找提供了当下和久远的婴儿期情境的关联的转移。这样，情绪便有可能得到有效的释放。我将说明我是如何判断自己听到的究竟是幻想，还是记忆的前奏。

一位病人梦到了"一扇在花园墙上的门"。她想到了记忆中一座花园里真实的门。根据这个记忆，病人又构建起了一个园丁裸露身体的幻想。目前，这可能只是一个幻想，如果是幻想，那它就是对某个愿望的搬演。这也有可能是一个真实的记忆，但病人自己不记得有这样的场景。如果一个被压抑的记忆正在缓慢进入意识，那么我们可以肯定，在一段时间内，这座花园和门还会不断在梦和联想中出现。每次提到它们时的间隔时间也许会很长，但是只要确实有和此地相关的真实事件被压抑，它们终将再次出现。

如果"花园墙上的门"这个主题没有反复出现，那么我会断定"园丁裸露身体"是一个幻想，但我还是期待着找到这个幻想的一些真实的基础。可以把它与下面例子中的判断标准进行对比：有两位病人在一年里好几次梦到"沙子"。在这两个案例中，梦都让病人想到看见男人的阴茎和尿失禁，但并没有任何真实的记忆出现。但这些梦反复出现且总伴随着同样的心理内容，使我得出结论：关于真实事件的记忆被压抑了。梦会反复诉说同样的主题，直到找到解决方案。

下面是另一个被压抑的记忆材料的证据。一位病人梦见在枕头底下找到了一个圆形的物体。经过联想，病人描述该物体"里面是红色，外面是白色"。病人正处在焦虑的状态中，并表达了"该死的（bloody）"[①]感受。根据这一小时的观察，最后我提出了我的见解，我认为她曾经摸到一卷卫生巾，并对自己的发现感到害怕。这位病人并不认同："你为什么说这是一个记忆？有些事情我们觉得是记忆，有些不是。为什么你说这个是？"

针对这个案例，我认为，个体对梦的反复体验并非由于梦本身的重复出现，而是与其之前曾经拒绝把卫生巾固定好的行为有关，而且她讨厌把带子绑在身上也是关键因素。结果是，卫生巾有可能掉落下来，而且实际上已经发生过掉落事件。她让一些东西掉落下

[①] 第四章中提到过，"bloody"既有"该死的"的含义，也有"血腥的、血红的"的含义。——译者注

来去吓唬别人，就像她自己曾经被吓到那样。

我经常有这样的经验：一些病人怀着强烈的焦虑、愤怒、谴责、批评和自我批评的情绪开始一次谈话，这些情绪的爆发往往在病人讲述梦之后才得以澄清。我现在考虑的不是那种随着问题而浮现出来、被了解到且注定会产生的焦虑。我说的是，在接近整个被压抑的情感事件或情境的过程中，针对阻抗所做的分析工作几乎已经让相关的记忆抵达意识，但首先出现的是情感。当梦被讲述，一些激起强烈愤怒和悲痛的事件被回忆起来，我们会发现，这时朝分析师释放出的爆发性焦虑和愤怒，就是对分析中被带回当下的过去的真实事件的情感反应。面对自发性明显、感受先于思考和回忆的病人，我们发现，在恢复早年真实情感记忆的过程中，会有一段时间，病人很难不把分析师当成那个和情感事件相关的童年时期的真实人物。我想让你们注意的是梦。谈话一开始出现的强烈的焦虑爆发不一定是前一天分析工作的后续，这意味着：（1）一些导致焦虑加剧的当下刺激还有待被讲述给分析师，或者，（2）一些过去的情感事件已经近在咫尺，就暗含在一个即将被讲述的梦里。

在这里我讨论的不是在处理早年幻想和现实经历的过程中长期存在的焦虑状态，而是阵发的、反复出现的焦虑爆发。

真实的原初场景和婴儿期早期事件是有待重构的，通过梦、联想、转移、情感，以及在外部世界中的行动模式，当积累了足以作出明确解释的证据时，对事件的重构就能成立。实际的记忆往往不会出现。我也注意到，四到五岁前的情感记忆通常需要根据梦的材料、幻想和转移情感来加以重构。随着年龄的增长，记忆往往被压抑，但当压抑解除，这些记忆通常会完整地返回。我在此思考的重构就属于这种类型。例如,在一位病人的梦中反复出现了"沙子"元素。有一次我注意到她的梦中出现了"脚步",然后是"轮子"。所有这些元素在象征符号层面,或者在它们的实际分析背景中都有其含义。然而有一天,"沙子"、"脚步"和"轮子"这些元素融合成一件东西,也就是一辆更衣车①,我由此就能够断定,有一件被压抑的真实事件与更衣车有关。

我会再讲一两个梦,它们是典型的幻想。一位病人在报告中描述了她的梦,在梦里她低着头,双手交叉在胸前,正在穿过一个铺有路石的庭院。她饱含宁静的喜悦之情,对自己轻声地说:"我将仁慈地屈就为我们所有人的母亲。"这是一个圣母幻想。梦者会"仁慈地屈就",表明她是上帝的母亲,而不是约瑟的妻子。

还有另一个梦。这位病人梦见自己是一个孩子,正缓缓走过一栋大房子的走廊。她听说一位大英雄从战场上回来了。英雄此刻就在她卧室内的床上。她轻轻抬起门闩往房间里偷看,那是一间豪华的房间,床在房间遥远的另一端。她能看到这位英雄坐在床上,看起来英俊又高贵。她感到有必要靠近一点,她轻手轻脚地穿过房间,直到她站在床尾,隔着栏杆以仰慕之情凝视着他。

我们能够找到这个幻想的真实背景。英雄的意象、豪华的房间、留宿一位尊贵的陌生人的主题,均能追溯到儿时看过的故事和图片。梦中的孩子完美呈现了典型的俄狄浦斯情结。

下面是另一个梦。病人在梦中和一个巫师面对面站着。这个巫

---

① 原文为"bathing-van",这是一种大约在18—19世纪因英国海滩的性别隔离政策而产生的设施。它一般是指载有简易木屋的四轮车,由人力拉至浅水区,以方便女性泳者在水边更换衣服。——译者注

师可以追溯到童年时期所阅读的一本童话书。在分析中，我听到了对这个巫师的全面描述，详尽的细节揭露了梦中的巫师为何就是书里的巫师。他的姿态是有威胁性的。我的病人说："巫师一直是王子的劲敌，而王子最终杀了他。"

从象征符号的角度来说，这个幻想的含义已经足够清晰，但直到病人告诉我前一天发生的真实事件，我才能作出有分量的解释。梦的刺激物就是它的含义。他的妻子上床睡觉时，病人总是会帮忙。她的睡裙被掀起来了，他正帮她拉回去，但在一种突然的冲动下他掀开了睡裙，弯下腰来开玩笑地说："你好，怪物 ①。"

他在谈话的末尾才想起这件事。当我用疑惑的声音重复"怪物"这个词时，他说："好吧，我从来没细想过它，但怪物肯定是一只精灵或一个鬼。我现在想到了我的父亲。我猜那就是梦中房间里的巫师。"

这将我引向梦的分析中另一个值得深究的点，也就是梦的当下刺激物。我很怀疑刺激物是否可以被理解为无关紧要的东西。在现实中它可以是一件琐事，一些我们不会有意关注的事，但它之所以成为刺激物，是因为其在心理层面的重要性。尽管在许多情况下，梦的刺激物难以被发现，但等到它被揭示，它总是对释梦有所助益。想一想我刚刚呈现的例子，当病人告诉我他在突然的冲动下说"你好，怪物"之后，我作出的解释所呈现的活力和说服力是显而易见的。

在接下来的例子中，同样是梦的刺激物突然让分析工作有了活

---

① 原文为"bogy"，也写作"bogey"或"bogie"，是对会带来厄运、恐惧和困惑的东西的称呼。——译者注

力。病人梦到她在动物园里，"那里发生了一些和吃饭有关的事"。她相当自然地想起童年时去参观动物园，看到动物正在被喂食。有时候，人们不让她去看动物进食，有很多事她的母亲都不允许她去看和做。病人花费很长时间——列举她严格的母亲在童年时给她规定的种种"不允许"。然后突然以这句话收尾："大象呢？我们去看过大象，骑过大象吗？"在短暂停顿后，她说："昨晚我把一根水管甩得嗖嗖响，玩得很开心，我想用它干吗就干吗，想让水溅到哪儿就溅到哪儿，最后我试着直接从里面喝水。"

在刺激物中就有梦的含义，鲜活且真实，严格的母亲已经让位于一个活泼、反叛的孩子的画面，更不用说前一晚的玩闹戏剧性地体现出的幻想了。

当下生活中的刺激和梦，可以与过去的刺激和早期对外部世界的反应做比较。比如一个典型的例子：病人在分析一开始就说自己生气了，然后列出了一串关于自己在酒店休息室的位置被占用、早茶没及时送到的委屈事。我们不必寻找这一类梦的刺激物，因为它们与由其他人引起的刺激紧密相连。但我认为，很多令人困惑的梦和晦涩不明的分析谈话，都能通过找到和当下事件有关的刺激而变得清晰。在这些事件中，病人有意无意地充当了挑起事端的人，或者他希望自己成为这样的角色。当下的刺激、行动或愿望被压制了，是因为被压抑的愿望、行动和情感尚未被认识和知悉。

至此，我只处理了在分析之外接收到的刺激，因为病人在外部世界作为一个心理整体生活着，作为个体行动并作出反应。因此外部刺激是重要的。通过寻找外部刺激，我们可以把那些情绪性的情境、生活中的困难带入分析中，而这些困难、情境是无意识问题的直接体现。

在某些方面，分析本身也是引起梦的持续刺激物。引起梦的有时是谈论到的真实材料，有时则是分析师本人。原则上，这类刺激要比外部刺激更容易发现。我会举一个和分析有关的梦的刺激物的例子。病人的梦是"十字架被映照在一个圣女的身体里"。讲述这个梦之后的半小时内，讨论的内容显得平淡且乏味。病人说到她想成为一名"信徒"的愿望，然后她说起去参观一座修道院。在一次较长的停顿后，病人突然说："我又在看这间房间尽头的落地窗了。我昨天就在看，我今天又在做和昨天一样的事情。太奇怪了。玻璃上弥散着光，中间的木头窗框和靠近顶部的交叉的部分很暗。但我闭上眼睛后，亮的地方就变暗了，而窗框变得明亮，形成了一个十字架，就好像我的眼睛里有一个十字架，很奇怪，因为它在外面是很大的，但整个图像又都在我的眼睛里。"在这一刻，她摘掉了她的眼镜。我说："告诉我，戴眼镜会对你的视觉有什么影响，你戴着眼镜会看得更清楚吗？"让我觉得很有意思的是，她说："没有，我不戴眼镜也看得很清楚。我戴它只是为了让自己舒坦。不戴它我就感觉自己很高，变得很大，不成比例，和他人相比是失焦的。我戴着它就感觉自己又变回了正常的大小。"

这个梦在分析中的刺激物一定恰好呼应了婴儿期幻觉性满足的时期。我们并不总能像在这个案例中一样，清晰地看出内摄心理机制的生理基础。"十字架被映照在一个圣女的身体里。"

有时，身体症状会给出梦的线索。对饥饿感和空虚感的抱怨常常有助于理解梦。我刚才提到的这位病人在一次分析开始时反复诉说自己严重的头疼。显然，她试图让我知道她在受煎熬、很难受。

她最后喊道："这头疼太'要命（murderous）'①了。"她花费很多时间来讲这件事，最后她记起了一个梦。"这个梦，"她说，"是我昨晚做的。在梦中发生了一起谋杀案，但'凶手（murderer）'无迹可寻。"

因此，我希望你们关注梦的刺激物的问题，不是说我们要不顾其他所有因素而只去搜寻这些刺激，而是要把这个因素牢记于心。如果能找到，它们会有助于梦的阐释，有助于分析工作的设置，以及理解病人当前在外部世界生活时的心理问题。如果梦的刺激物在很长时间里一直被病人忽视，那么分析师就需要考虑有材料被压制的问题，以及病人有所保留的原因。

下面是梦的另一个层面。如果一个梦冗长散漫、缺乏焦点，那么这意味着我们指望不了这个梦能对分析谈话有很大的帮助，除非其中个别特定的元素很奇怪，可能引发联想。

关于"福克斯通"的梦就相当冗长，但并不难分析。它在一次谈话中就透露了自己的含义。但那一次只是初步的工作。那天的分析中没有任何"压制（grip）"。那位病人对我的解释相当信服，因为这在智识角度上令她感兴趣。分析没有缓解焦虑，没有带来焦虑，也没有对任何她有所觉察的问题给出启发。她的问题还没有被触及。

可以把这个长梦与本章引用过的来自同一位病人的"高耸的建筑"的梦加以对比。我们可以通过这种方式评估分析的进展。这位病人还会再做冗长散漫的梦，但我认为在未来将有所减少。在"高耸的建筑"的梦中，分析取得了进展。当分析有进展时，梦倾向于

---

① 原文"murderous"的字面含义为"谋杀般的"。——译者注

变得更短、更简洁、更令人迷惑、更扭曲。在所有的梦中，这类梦是最富有含义的。它们的外显内容透露出的东西更少。在长期的阻抗之后，我们偶尔会得到一个直接的梦，它直接表达了一直被阻抗着的那个问题。随着我们接近压抑的要塞，我们必须时刻准备面对磨炼我们耐心的问题。一段漫长的分析期行将结束时的梦通常是最困难、最简短和最顽固的，也可以说，它是最有价值的。在假期和周末的分析空档期，我们会发现梦比分析期间的更丰富。当一个晚上出现一连串的梦时，我们可以认为其中包含了令人不安的情感内容，以及应对它的大量的努力，而这一系列梦中的最后一个可能会比其他的更未经伪装。确实，经常是最后的梦会让病人醒来。在分析中，我会把注意力导向这一系列梦中的最后一个。

第七章　心理和身体危机阶段出现的梦的示例

1. 表明分析初期病人的心理状态的梦。
2. 预示了精神崩溃的梦。
3. "火"的梦及其含义。
4. 预示了身体崩溃的梦。
5. 体现了对危机的心理应对的梦。

　　我打算在本章考察一些具体的梦，它们是我的病人在或轻或重的心理危机时刻讲述的。这些梦具有典型的象征含义，因此对有实践意向的人具有价值。

　　我在第一章最先讲到的"音乐"梦，是一位病人在分析的早期阶段告诉我的。她当时正遭受着真实的丧亲之痛。夜里的梦带来的满足与她凄凉的现实生活形成了强烈对比。在分析谈话中，这位病人会吮吸着靠垫的一角睡着。后续的分析揭露了她在早年曾出现过一次非常强烈的转换型癔症。

　　鉴于神经症的深度，以及在分析阶段经历的进一步的外部创伤，我对"音乐"梦作出的评估是，它表明这位病人还怀有一定程度的期盼，期盼精神能够经受住它被要求面对的内部和外部压力。梦中，原初的满足渠道以幻觉的方式返回，这也戏剧化地体现在对靠垫的吮吸中。这是一个愉快的梦，在其中，本能以一种正常的方式被导向口欲水平的欲望的客体。病人依次经历了过度焦虑的时期、严重抑郁期、自杀幻想和生理疾病的时期。我判断这个退行至口欲满足的梦体现了对恢复身体健康的预期，我也考虑到了这样的事实，即病人即使在压力最大的时候也从未放弃日常生活中的常规事项和一定程度的工作。

在分析的开始，睡着和吮吸靠垫本身就是病人开始疗愈过程的方式，其实可以把它与早期吮吸的阶段相比较。分析师对此不加干涉，允许这一阶段自行发展，这意味着一种深层的正性转移的建立。同样，在这一时期，自杀倾向以她在我面前睡着的方式得到了温和且无害的表现。因此不加干涉是明智的，它防止了这类倾向以更危险的形式发展。

一位病人在几周的时间里数次梦到自己是一个坐在婴儿车里的非常年幼的孩子，母亲正推着她走过美丽的海岸。

这个梦就像"音乐"梦一样，其未经掩饰的愿望显而易见。各个心理机制没有费力去扭曲这个愿望，也没有表达出相反的愿望。阻抗愿望的心理力量处在最低值。这位病人的梦出现在一个关键时期，当时她只能勉强维持日常生活和工作。病人正经历的这场心理危机是分析的一个阶段的高潮，在此期间，一个固着的妄想结束了。借由这个凝结的妄想，她得以维持一定程度的正常，因此能继续工作，这一努力充满了压力。这个妄想信念的削弱使重新分配心理能量的内部任务成为必要，这种心理能量迄今为止都是通过妄想中的投射被处理的。在妄想中，她向一个男人投射了各式各样的攻击性性行为。而这个妄想本身在一定程度上就是被压抑和解离的童年性创伤的返回。对早年创伤的分析工作使真正的俄狄浦斯愿望和与之相伴的对母亲的敌意得以释放。随着释放，关于童年行为和幻想的记忆也回来了，它们不仅证明了攻击性幻想有多么强烈，还证明了有过伤害妹妹这个竞争对手的实际尝试。我提到的梦表明了她所恐惧的攻击性冲动在心理上的缓解。通过梦到自己是独生女，她将自己置于无须去嫉妒的位置，也就不必害怕攻击性冲动。而且，她被母亲照顾和保护，因此是安全的。我们可以把这个梦看作与母亲和解的愿望的体现。从预后的角度来看，这个梦是喜人的。除了梦的含义，我也考虑到了这些情况：通过固着的妄想，病人得以保持与外部世界的接触；妄想本身一点点地消失了，与此同时，爱与恨的冲动的动力也与相应的人物关联着，伴随具体且有记忆的童年情境一起浮现了出来；升华成为可能，它不仅有面向母亲的修复性含义，本身也为基本的本能满足提供了象征性的渠道。基于我详述的这些考量，尽管这个梦体现了再次成为孩子的强烈愿望，但它仍然能被视为一个好兆头。

　　下一个梦预示了一场危机。梦到它的女人在那段时间正背负着职业生涯中艰巨的责任。这些责任又在我们后续揭示出的心理冲突之外，给她实际的身体力量造成了极大的负担。在做这个梦的时候，她对心理上的病变没有自觉的意识。她感受到倦怠，而且对工作的热情减退了。她推测，自己的热情会在休假后适时恢复，并认为自己需要这次休假。这个梦是："我拿起我的手表去看时间，发现表盘被许多纸条盖住了，我看不到是几点。"做完这个梦，又过了一段时间，她在经历了一周的失眠后不得不放弃她的工作，延长休假，在此期间她接受了分析，分析结果揭示了她患有神经症。

　　我引用这个梦作为身体和精神崩溃的一个例子。在病人恢复的过程中，这个梦又在分析治疗里复现了。这次的版本是："我想看看几点了，转头去看我的表，但它不在那儿。然后我想起自己把它放在了一个架子上。我把它拿下来，表盘很清晰，我也能看到时间了。"

我在此不打算对梦的具体意象作出解释。眼下，我的目的在于将注意力引向这个梦总体的含义，这个梦出现后不久，病人就崩溃了。如果这个女人把梦讲给一个在这方面有见地的人听，那她肯定会被建议马上寻求心理援助，就像人们肯定会建议起疹子的人马上去看医生一样。适当降低心理压力，原本可以预防这次大崩溃。

另一个具有普遍含义的"危机"梦，是一个十五岁的女孩告诉我的，她由于心因性耳聋的发作，不得不离开学校。她当时非常不开心，因为如果她耳聋了，前景将一片暗淡。这个梦呈现了一个火车站的场景，站内所有的火车都静止不动。既没有火车驶进，也没有火车驶出。机车引擎停止了运作。相应地，也就没有任何可辨识的声音被感知到。

对这位病人的分析治疗成功了。她心理的稳定维持了十五年，她现在已是一个婚姻幸福的女人。这个梦从分析师的角度看是有助益的，因为它给出了有关心因性耳聋的直接线索。"不去听见"似乎有着神奇的、能让引擎停止运转的重要作用。后续对这位病人的一系列分析都可以看作对这个梦的分析。通过分析，从无意识精神中揭示了和"引擎"这个象征性意象有关的含义，以及导致"引擎"停滞的原因，之后，病人的听力恢复了。

我接下来会讲述三个关于"火"的梦，它们由三位不同的病人告诉我。

这些梦是：

（1）"我看见一栋房子起火了。一个女人和她的孩子在里面。我看见一个男人冲进去救他们，但他没有再出现，所以他一定也被火烧死了。"

（2）"我所在的房子起火了。我焦虑极了，准备逃跑，但我想起了我最珍贵的宝贝——一幅我一直在画的画。它还没有完成，我想完成它。所以我去了我的工作室，从画架上取下它，然后冲出燃烧的房子。"

（3）"我把我的衣服点着了，然后马上就醒来了。"

这三个梦都和心理危机有关。光是外显内容就已经值得关注了。

每一位病人都正在经受心理压力，这种压力是由病人对母亲的攻击性冲动引发的。而攻击性态度的成因是婴儿期的嫉妒，它是由父亲让母亲生了一个孩子这个事实引起的。在第一个梦中，我们简单陈述了这一情况：母亲和孩子被烧死了，最后冲进去救人的父亲也被烧死了。与讲述第二个梦的病人所体验的感受相比，第一个梦没有给病人造成任何有意识的痛苦。这在一定程度上是因为投射机制。梦中的情况表明，在心灵内部的戏剧性冲突中，"我"，即自我意识，扮演着旁观者的角色，没有参与其中。在评估心灵能承受多大压力时，这个类型的梦对分析师来说是有用的。这一类病人在压力太大时，更容易被卷入意外或者外界造成的灾难，而不是自我造成的事件。比如这位病人小的时候，曾经冒冒失失地冲到街上，被一辆汽车撞倒。

第二位病人也遇到了有关处理攻击性冲动的问题。这个梦伴随的焦虑比第一位病人更加显著。"自我"卷入得要深很多，因为在梦中，病人就在燃烧的房子里面。其投射机制比第一个梦要弱一些。第一个梦中的房子是母亲的身体和她体内的孩子的象征化。梦者与它有所区分。在第二个梦中，梦者自己所处的房子同样也是母亲身体的象征化，但与第一个梦相反的是，梦者在这个身体内部，其中一方的危险会将两人都置于险境。然而，力比多比恨的冲动强大，拯救的愿望比毁灭的欲望强烈。因此，我们可以判断，尽管第二位病人承受着令人痛苦的焦虑，但他仍能维持心理的平衡，攻击性和力比多冲动的升华也都已呈现在梦中。这位病人是一位画家。

第三个梦所表明的心理危机可能导致对身体的实际伤害。投射机制在这个梦中是不存在的。不是"房子起火了"，我们听到的是"我对自己放火"。自我任由攻击性愿望摆布。这样的梦可能是（也可能不是）自伤尝试——在极端例子中则是自杀尝试——的先兆。这样的梦应该促使分析师对情况进行权衡。

以下是我们在这样的时刻要加以考虑的东西。分析师必须对自我发展的力量进行评估。病人在以往的情绪危机中的典型举动可以作为指示。病人处理这些问题的典型方法是逃离吗，是中断工作和关系吗？在分析中的另一个判断标准是，情绪状态从直率变成秘而不宣，仿佛病人正密谋着某些计划。病人生活中能帮助我们预估可能发生的事的另一个方面，是现实的总体状况。如果对工作的热情正在减退，如果力比多无法获得直接或间接的满足，如果人际关系正变得更少或衰退，或者只能引发争执，那么我们就应当严肃地看待这个梦的含义。总结一下就是：如果做这种梦的病人不具备整合良好的自我，如果过去的情绪扰动造成工作或友谊的断裂以及突然的逃离，如果在做这类梦的阶段，现实的整体状况中呈现出力比多受挫、攻击性无法纾解和表达的图景，且病人又变得忧心忡忡、难以接近，那么我们可以确切地推测，接下来可能会出现自毁尝试。必须先采取并落实临时措施以应对危机，直到危机过去。

下面这个梦是一场身体疾病的前奏。做梦的人当时正不顾过度的疲劳，肩负着一项吃力的工作，她对去寻医问药犹豫不决，因为她当时没有实际的身体症状。她梦到自己正尽全力抓着窗沿，最终筋疲力尽，倒在地上。做完这个梦的两天后，这个女人就在昏厥中倒地了，这是她记忆中第一次经历晕倒。一名医生被叫了过来，他发现她的膀胱肯定已经感染有一段时间了。这位病人用了三个月才从疾病中痊愈。

我会再讲一个体现对较轻的危机的心理应对的梦。在这个案例中，病人已经有过不少分析治疗的经历。在她这段时间的梦里，和攻击性有关的心理压力常常被象征化为汹涌、愤怒的海水。海浪通常都在追赶她，威胁着要淹没和压倒她。病人做这个梦时，一个代理父亲的角色去世了，她梦到自己处在深深的水中。然而水的含盐量太高了，让她浮了起来，她知道自己不必害怕被淹没。对"咸水"即刻的联想是"咸泪"，随后病人就引用了这句诗：

让爱紧抓住痛苦以免一同沉溺。①

在这个心理状态下，自我没有遭到威胁。我的另一位病人成功处理了这种与个人丧失有关的危机，并写道：

---

① 引自丁尼生，《悼念集》。——译者注

把悲伤留给我。远离喧嚣的
扶持的打搅，我仍能掩泣。
眼泪可以流淌，
爱尚未逝去。

第八章　梦所表明的心理再调整

1. 阐明分析所取得的进展的梦。

2. 根据分析的一个时期内讲述的梦的外显内容，对心理的变化进行推断。

3. 表明性的发展的梦。

4. 表明超我的缓和的梦。

5. 梦的分析中，表明病人能有效应对心理问题的特征。

在持续了较长时间的分析的过程中，我们能时不时地通过病人的梦察觉到心理变化和再调整的发生。的确，通过病人的梦的特点，分析师可以找到评估病人应对自己心理压力的能力的标准。我将通过梦的材料来阐明这些变化是如何体现出来的。

三位病人在他们的分析过程中告诉了我以下三个梦。第一个梦是以这样的方式讲述给我的："我在一个地铁站里，不确定要不要上车。但我还是上了车，过了一会儿，车停在了一个叫'本特里（Bently）'的车站。我下了车，发现地铁站不是在地下，而是在明面上——我是说在地面上。"①

这个梦表明了病人心理上新近的调整，以及分析的一个确切阶

―――――

① 病人有一处口误，将"在地面上（above ground）"说成"在明面上（above board）"。——译者注

段。"本特里"这个车站让病人想起，他小时候曾说他的哥哥是"本特里"，他当时还不会读"野蛮的（beastly）"这个词。这个梦预示了针对哥哥的情感态度与特定行为从压抑中恢复。"车站"不再是在地下，而是"在明面上"。

第二个梦是由一位年轻的女病人讲述的。它是："我正坐在沙发上，道格拉斯·费尔班克斯正和我性交。过了一会儿，他变成了我的兄弟，我开始焦虑，然后渐渐醒来，但环绕着我的声音仿佛在说'可怜的孩子'。"

在对这个梦的分析中，费尔班克斯显然同时指父亲和儿子。[①]因此，当这个电影演员变成了梦者的兄弟时，她的父亲也处在她的潜在思想和愿望中。在沙发上"性交"和分析中转移的情况有具体关联。同样地，梦中在房间里说着"可怜的孩子"的"声音"指的也是作为"声音"的分析师。

这个梦指明了心理调整的进程以及分析的确切阶段。无意识的俄狄浦斯愿望和它们在分析师身上的转移在梦中清晰地表达了出来。超我的缓和则明显体现在充满同情的"声音"中。

第三个梦来自一位患有严重转换型癔症的病人。病人叙述这个梦时说："这个梦有一种戏剧般的氛围，仿佛是在'表演'，里面的人物则是木偶。有一个场景是，路标指向一条荒凉的道路。路标上写着上一场战争中一个战场的名字，象征着那场战争要从头再来一次。有一个穿着白色衣服的男人，像一个厨师。"

这个梦显然表明，病人的心灵正在"从头再来一次"，也就是

---

① 小道格拉斯与父亲同名，两人都是演员。——译者注

再次重复转换型症状，和健康生活做斗争。转换型症状由"戏剧般的"、"表演"、"烹饪（cooking）"①、"从头再来一次"等想法体现出来。病人自己意识到了这一点，这个梦因此表明了心理的再调整。在这次分析的接下来的讲述中，情况变得清晰了。病人说道："我昨天打电话给朋友，问她对新工作感觉如何。她说她没能开始，因为她生病了。我说：'真倒霉，但你会好起来的，这不会再发生了；下一次你会成功的。'她说：'我想是的。'但她说得不情不愿，仿佛她不愿意成功，不愿意放弃生病。"在这段讲述之后，病人意识到她对朋友的评价对她自己和这个梦也有解释力。病人正变得能够自我觉察，解决催生身体症状的冲突也指日可待。

下面是另一种评判分析治疗中实现的心理变化的方法。我从一位病人的分析中，选取了他相隔较长时间告诉我的三个梦。

第一个梦是："我和我的妻子在一间海底的房间里。"这个梦出现在分析刚开始时。我在此并不考虑象征的含义，也不考虑病人提供的实际联想，这些联想允许我在那次谈话中作出解释。

我想就外显内容把这个梦与几个月后的第二个梦加以比较。第二个梦是："我看到一只大蜥蜴，一开始我以为它是树皮的一部分，它缓缓地舒展开，离开了树。我看到树干上有一道凹槽，刚好适合它。在它已经离开树，仿佛就要完全获得自由之时，它改变了主意，蜷缩回去，再次与树融为一体。"

在这次谈话中，病人对梦的联想给出了一些潜在内容的含义，以及象征的含义。然而，根据第一个梦和第二个梦在外显内容上的

① 原文"cooking"也有"篡改、造假"的含义。——译者注

变化，分析师能推测在此期间分析所实现的心理工作。这位病人所遭受的神经症总体来说属于自恋型。在第一个梦中，自恋的状态很好地由深重的隔离与绝缘的画面表现了出来。第二个梦发生在地面以上的一个可以栖居的世界中，尽管梦者把一部分自己表现为一个害怕分离的巨大寄生物。病人焦虑地从这个梦中醒来，这本身也是自恋性防御减弱的标志。

第三个梦距离前面的梦又有很长时间，它是："我正在一家酒店的酒吧，警报响了，路对面的房子起火了。其他人赶去救火。我先是跟着他们一起去，但当我走到房门口，我又转身回到了酒吧。"

病人在谈话中讲述这个梦时，同样产生了具体的联想，我又根据这些联想作出了解释。但通过对比这个梦和上一个梦的外显内容，分析师可以衡量出在分析工作的影响下病人缓慢的心理变化。病人不再把自己等同于蜥蜴，而是以人类身份出现，尽管被关在酒吧里（象征着一个花花公子①）。他再次试图离开酒吧的舒适圈，但是又回来了。然而，既然是他的精神上演了这个梦，那么那些赶去救火的人也是他自己的某些方面。我们可以期待，接下来的分析很快就会把他领向另一个阶段，他将能面对和处理他的攻击性冲动（起火的房子），而自恋性防御就是针对这个被组织起来的。

我对这三个梦的评论不应该被看作对它们的分析。我没有呈现对它们进行的分析工作，这些评论也不是我对病人说出的。我选取这些梦，是为了说明，通过像这样对梦的外显内容加以对照和比较，

---

① 原文为"lounge lizard"，意为"盘踞在酒吧物色女人的男人"，直译为"酒吧里的蜥蜴"。——译者注

分析师能推测出实际的分析工作所引起的心理变化。

我接下来会呈现一系列的梦，它们彼此有间隔地出现在一段长程分析的过程中。同样，我在此并不考虑我对病人在谈及这些梦时提供的材料作出的解释。我只想着眼于外显内容的变化，这些变化能指明分析中态度的转变。

这个主题的第一个版本是一个噩梦，它以同样的形式反复出现过好几次。它是："我发现嘴里有一块棉絮，开始把它扯出来。扯了很久以后，我不敢再扯了，因为我感觉它连接着我的某个内脏，可能会和棉絮一起出来。我在惊恐中醒了过来。"

在梦的下一个变体中，头发替代了棉絮。再下一次，被扯出来的东西不再是棉絮或者头发，而是很厚的、几乎让梦者窒息的东西。经过两年的分析，第四个变体是："我曾对你说过，我只能通过想象肌肉跑进体内形成眼球，来理解内摄的过程。"

这个主题的最终版本是这样一个梦，病人在梦中再次从她的嘴里扯出了一根头发。它很轻易就出来了，没有连接着任何东西，梦也没有带来任何焦虑。

这些梦包含了关于病人的神经症的一个主要问题的线索。可以把整个分析看作对这些线索的潜在内容的阐释。例如，"棉絮""线""头发"等元素，不仅有丰富的无意识象征含义，同时把无意识幻想同最早的婴儿期到童年晚期的真实经历联系在一起。唤起焦虑的外部情境与"线"这一主导主题有关。我在第二章提到过这种几乎只运用一个象征符号的情况，这些梦就是由我提到过的这位病人告诉我的。

对分析师而言，这些梦在外显内容上的改变是心理斗争变化的证据，而最终的梦表明问题得到了解决，由问题引发的焦虑也得以平息。

我想让你们再次注意我在上一章提过的关于"水"的梦。病人对一个梦进行了联想，他在梦中体验到了关于水的焦虑，除了对这些联想作出具体的解释，分析师还能根据这些梦的反复出现，来判断在解决焦虑方面取得的进展。例如，如果一位病人在焦虑期间梦到了骇人的大海，而在经过一段时期的分析后，病人梦到漂浮在水面上，并且确信自己不会被淹没，以此回应造成心理痛苦的刺激，那么分析师可以断定，病人已经实现了充分的自我调整，能够应对他自己内部的问题。

还有一种关于梦的标准可以用于评估内部心理调整的进程。我曾发现，长期患有忧郁障碍和严重转换型癔症的病人，在一段时期内，要么会梦到代表身体部位的象征性物体的局部，要么会不经象征而直接梦到相应的身体部位。例如，有一位这样的病人，想起来的梦的片段是一些视觉意象，比如墙上的裂缝、缝隙中长了草的石板、一棵长了三个树瘤的树的局部、墙上的支架、一个暴露着性器官的女人的局部、一个男人暴露的阴茎、乳房的曲线、更大的臀部曲线、象征肛门的圆盘、合并在一起的象征阴部的竖线，以及象征嘴巴的横线。

当这一类型的梦在长时间内持续出现，病人正在应对的就是属于口欲和肛欲-施虐发展期的部分客体关系，在这一时期凝结的冲突从未被解决。

如果分析师能处理在转移情境中重演的婴儿期问题，梦的性质就会改变。比起梦见作为整体的一部分的单一内容，我们还会听到关于完整的人——他们的某个"部分"格外重要——的梦。此外，我们也会发现关于"完整"的人的戏剧化的情境，这些情境源于神经症中的主要冲突，即对攻击性冲动的恐惧、对客体的攻击性的恐惧，以及针对两者的各种防御。例如，那位梦到一棵长了三个树瘤的树的病人，在做了上述一连串我所说的那类梦以后，在下一个晚上梦到她给一个生了病的女人送花。这三个树瘤的含义在很大程度上是被多重因素决定的，我在此不考虑它们的各种不同含义。唯一贴切的一个含义是，它们象征了她母亲死去的三个孩子。将这个梦——病人给生了病的女人送花，这个梦的含义是清晰的——与上一个梦关联起来，可以说明心理正在发展，爱的冲动不那么受到攻击性冲动的扼制了。

　　同样，当心理障碍的性质没有我刚才说明的那类梦所表明的那样严重时，梦的总体倾向也能为分析师指明分析中正在展开的心理进程的类型。例如，有的梦包含了肛门幻想和童年情境——这些情境同时涉及孩子自己的行为，以及周围环境对他的回应——的线索，这些梦可能会持续良久。然而最终，梦的性质会改变，口欲或生殖期的兴趣会占主导地位。相应地，梦中主导的意象可能在很长一段时间内都是分析师-母亲，其他时候可能是分析师-父亲，或者兄弟姐妹，梦者对他们每个人都会有相应的情感态度。

　　一系列同性恋的梦最终会让位于异性恋的梦。这对分析的进展具有指示意义。同时，在达到稳定之前的很长一段时间内，我们会在梦中看到心灵的试探性调整的"潮起潮落"。有时，旧态度仿佛又卷土重来，但这些调整又会更有力地重申自己。

　　有些梦表明了婴儿期超我的严苛性的缓和，它们是心理发展的可喜证据。以下是三个这样的例子。

（1）"我正在开车，然后发生了一些事。我不知道是什么事，但我差点出了事故。我知道那是我的错，我看到了警察，而且我相当激动。让我惊讶的是，他看起来很友好。"

（2）"一个孩子正在调皮捣蛋。有人对他很生气，我也感到生气，但我没有斥责他，而是走向孩子去安抚他。"

（3）"有个孩子尿在了地上，他很害怕。我走过去，帮他擦干了尿。"

这三个梦都唤起了与当下的焦虑以及历史性情境有关的特殊联想，这些是在分析中需要关注的。然而除此之外，分析师也能推断出趋向于心理平衡的调整已经实现，心理的适应和容忍度都相应地有所变化。

我还要呈现梦的另一个能揭示心理内部的再调整的作用。一位患有顽固性转换型癔症的病人，又被迫要面对特殊的外部刺激，于是她患上了躯体疾病，不得不卧床，由医生和护士照看。过了十八个月，在接受持续的分析治疗后，她再次遇到了与第一次性质相同的外部刺激。病人感到极度焦虑，但能够更大程度地维持日常生活。她梦到"X 先生在一家疗养院里"。这个梦表明了心理上的进步。首先，她没有真的患上躯体疾病，而是梦到了疾病。其次，她将疾病投射给了 X 先生，一个父亲的代理人。换言之，在她受挫的力比多愿望与随后对阻挠她的父亲的敌意和恐惧的冲突中，她不再内化这个受伤和濒死的男人，她不再是他，也因此不再惩罚自己，我们看到了她与他的分离。病人终于把这一意象外化了。如果这位病人能继续承受因挫折而产生的敌对愿望所带来的焦虑，而分析又能调节和解决它的话，那么就没有必要再退回到真实的身体症状中去了。

我的一位偏执的病人，反复梦见一个与她同龄的女孩正凄苦地哭泣着。梦者看到自己尝试去安抚女孩，想知道是什么让她难过，但她总是失败。在分析的头三年里，这个梦出现了好几次。固着的妄想 ① 消失了，她呈现给我的一成不变的童年图像，以及她的情绪和对外部的兴趣的停滞也一起消失了。分析开始接近真相：她童年时的环境，以及她自己在这个环境中体验过的情感生活的真相。这时，我说的那个梦就不再反复出现了。因此，这个梦的停止出现向分析师表明，一个被压抑的心理冲突已经得到解决。

同样，我在酒精滥用的病人身上发现，当他们开始梦到喝醉而不是真的喝醉时，我们就抵达了这样一个阶段：导致酗酒习惯的心理成因已经近在眼前，也就因此有解决的希望。同样的道理还适用于梦见了恋物的恋物癖，以及在睡梦中梦到了手淫的强迫性手淫者。

最后，我会陈述这样一个梦，它很好地表明了病人的分析结果，预示着分析阶段的终结已可纳入考量。

这个梦是："我爬到了一个地方的顶端，然后我必须下来，但一开始这似乎不可能办到。然而我已经爬上去了，如果我能爬上去，那我肯定也能下来。于是我出发了。一开始，脚下的高度很吓人，但我最终还是抵达了最后一小段路，那里没有落脚点，我不得不跳下来，这并不难，我轻而易举就做到了。"

---

① 原文为"delusional"。本书成书较早，其含义可能与如今精神分析或精神病学语境下的"妄想"概念有所区别，但仍然依照作者的措辞进行翻译。从后文内容来看，它似乎更接近精神分析中的"幻想"，或者精神病学中的"超价观念"。——译者注

做这个梦的人已经做了很久的分析治疗，根据这个梦，我断定他已经抵达了这个阶段：分析的结束无疑已经可以提上日程。

当时，引发这个梦的外部刺激是这样一个情况：为了能开始私人执业，这位病人放弃了全职工作，转而去兼职。他没有个人资源，因此这么做会面临风险，因为他还有家庭责任要承担。而他这么做已经是内部信心增长的证明。

在做这个梦之前的一段时间，在分析中已经阐释过他的肛门幻想，以及抵抗阉割恐惧的肛门防御。把针对父亲的竞争和敌意引导到生殖器层面的工作，也已经在转移中有了深入的推进。这在现实中的影响是，他放弃了一部分常规工作，去面对与他人竞争的局面，这些人是他开启私人执业的过程中需要与之竞争的。对能力的怀疑浮出水面，随之而来的还有对女性生殖器的无意识恐惧，这是由于他幻想那是一个危险的地方，认为它是一次攻击后留下的伤口。

在做这个梦的前一天，病人在分析谈话里说："X医生说，在抑郁状态下给一个女人做分析是危险的。"通过病人的联想，我得以在这一小时结束前揭示这一事实：首先，这句话掩盖了他对即将进行的精神分析实践的焦虑；其次，这一恐惧在无意识中与他对阴道的幻想有关。例如，当他说"如果你在抑郁时工作，可能会让这个女人更糟糕"时，他无意识地表达了他对性交的恐惧，因为阴道在幻想中是一处伤口。第二天，病人就给我讲了我提到的那个梦。这次谈话中的联想在分析工作中极为重要。它们给出的历史性材料提供了明确的资料，指明了他在人生的头三年里可能在何处看到过女性生殖器。根据这些材料，以及早年手淫的证据，可以推断出早期的勃起经历。他在梦中爬上的那栋房子象征着女性的身体，与他婴儿和童年时期的母亲、姐妹也有许多关联。他在分析中思考这个梦的时候说："我爬了上去，又不得不下来，但我想，问题在于怎样再次爬上去。我是说，我们出生时从母亲身上下来又出来，但我们再也不能完整地回到子宫里。只有一部分身体能在成年后的性交中回去。"

在这次谈话的末尾，病人说："我知道我的分析必须停止了。我的训练已经差不多完成，而如果我开始接待病人，那就意味着离结束又近了一步。"

这个梦是一个手淫幻想，它是一个给予信心的梦，但信心已经有牢靠的基础。从分析的角度来看，这些联想显示出了极大的可塑性，它们涵盖了从当下到最早的婴儿期的经历，并且相互贯通。关于出生、肛门功能和生殖器能力的想法表达了同样的自信。当心境和态度的一贯性在从婴儿期到当下的一系列经历中表现出来，并由一个梦指明，且这时病人充满希望地计划自己的未来，并愿意为了实现目标而去冒险时，分析师就可以自信地认为，分析即将画上完满的句号。尤其是当病人自己对此有所预感，感到与分析师的分离近在眼前（分析师在此代表了双亲的意象），并且显然在为此做准备时，情况就更是如此。

梦的分析还有另一个方面，能让分析师据此判断成功的再调整已经实现。病人会获得对自己过往人生的洞见。对梦的联想不再只是一种刻板态度的表达，也不再是对停滞的回忆的重复。如果古老的超我被瓦解，那么恶魔也就不复存在。当病人变得更具人性，父母也就更能真正地被当作人。在回忆过去的光景时，这种语气的改变是很美妙的。似乎被解放了的力比多不仅能向前走，也能向后回溯。我们会突然听到："我现在终于发现，妈妈对我是多么有耐心。"
或者如同第一次意识到似的："我们曾经的花园是那样美好。我很高
兴我在那儿度过了自己的童年。"同样地，病人能更镇定地面对并忍
耐真实的不公正和童年遭受的苦难。过往的爱和喜悦与被压抑的恨
都从遗忘的桎梏中解脱，充实了心灵。这在我看来就是分析成功的
一个标准。力比多，真正的凤凰，浴火重现。这样的复兴包括两个
因素：对攻击性的焦虑，以及对身体安全的幻想性恐惧得到缓解与
缩减；其次过去的力比多的斗争免遭遗忘，而且被整合进更统一的
积极的生活态度中。

第九章 "做过分析"的人及他们的梦

1. 对"做过分析"的人和"未经分析"的人来说,梦实现的是同样的功能。

2. "做过分析"的人讲述的梦,以及分析带来的对它们的情感态度的转变。

3. 未经分析的"正常"人的梦。

4. "分析"与"综合"。

在这一章中,我所指的"做过分析"的人是已经做过充分的分析的人,充分的分析不仅保证了自我的稳定,即有能力高效地维持独立生活,还确保了伴随着热情和幸福感的本能的直接满足与升华。我提到的这些梦都出自那些已经通过分析工作获得了上述成果的人,而那些尚未取得此成果的人不在我的讨论范围内。

和"未经分析"的人一样,"做过分析"的人会继续做梦。分析不会把无意识分解掉。本能的驱力仍然存在。基本的婴儿期愿望本身也和遗留下来的本能生活一样,是无时间性的。"做过分析"的人和"未经分析"的人一样,他们的梦是应对激发焦虑的内外部刺激的心理尝试。梦以同样的方式服务于"做过分析"的人和"未经分析"的人。通过将扰动转化成被满足的婴儿期愿望,梦履行了维持睡眠的功能,对这些愿望的伪装则借由梦的各种机制实现。从这点来看，"做过分析"的人和"未经分析"的人的梦之间没有任何区别。无意识愿望是不变的，扭曲这些愿望的机制也相同，其是为了同时适应本我和超我的要求。因此，区别并不在于梦的机制，也不在于基本的无意识愿望。

我接下来会考察这一区别的性质，并给出一些具体的例子作为佐证。当一个人接受分析时，与肛门功能和肛门幻想有关的真实童年事件会伴随着羞耻、愤怒等情感。与这些幻想和记忆相关的梦在很大程度上会被伪装起来，要在做非常多的分析工作之后，这些被高度灌注的情感才会失去它们的激烈性，情感背后的原因才能被理解。

在和我谈论分析前后梦的区别的性质时，一个"做过分析"的人说："在分析之前，或者在分析的早期阶段，我上周做的这个梦哪怕是以经过伪装的方式呈现出来的，也依然会产生最令我痛苦和不安的情感。我梦到我是一个坐在便盆上的孩子，正排出大量的排泄物。前后的反差首先在于这个梦未经伪装，其次在于它产生的情感不同。我早晨想起这个梦时，我对着这个勤奋的孩子暗自微笑了。后来我顺利完成了一天的工作，也愉快地认识到自己取得了真正的成就。"

另一个"做过分析"的人告诉过我一个梦，她说，在分析之前或者还在做分析时，如果她做了一个有着同样含义的梦，这个梦就会给第二天定下不愉快的情感基调。这个梦是：她是一个小孩子，正围绕房间转着圈展示她华丽的裙子。她对这个梦的评论是："我认出了这个梦前一天的刺激物，白天我没有再想起它。毫不夸张地说，我这一天心情很愉悦。夜里上床的时候，我想到我之前的表现对一起出席晚宴的同伴来说挺有趣的。然后我想起了我的梦。"

以下是第三个"做过分析"的人的梦。"我梦见 X 先生和 X 太太离婚了,而唯一的结果只能是我要嫁给 X 先生。"她对这个梦的评论是:"这个梦的刺激物是,我的一对结了婚的朋友,A 先生和 A 太太,他们给我送了一些花。在梦中,X 先生是一个年纪比我大的男人。他是我童年中一个重要的角色,显然充当了父亲的代理人。婴儿期对父性的转移被花这个礼物激起,希望分开 X 先生和 X 太太的愿望也是如此,他们在梦中是双亲的意象。因此,在把 A 先生从他妻子身边分开并怀上他的孩子这一无意识幻想当中,嫁给 X 先生的愿望在当下得到了更新。"我问道:"这个梦产生了什么样的情感?"她给出的回答是:"没有任何令人不愉快的情感。我认出了刺激物并理解了梦的含义,随后自言自语:我们又回到这里了,老故事在新背景下上演。这没有让我感到震惊或是不安。A 先生是一个有吸引力的男人。哦,顺便说一句,我完成了投给期刊的文章。我觉得它不错,我很确定编辑会接受它。"

这三个梦,结合上下文以及梦者的现实生活,都很好地阐明了"做过分析"的人的梦的特征。原始冲动的含义被接纳了,没有被否认。超我的严苛性被分析所缓和,而被严苛的超我抑制或钝化的不只是直接的满足感,还有升华的过程。身体自我和心理自我之间实现了更高程度的整合,发展的各阶段也被紧密地联系起来。例如,一个骄傲地行使着排泄功能的孩子在他的无意识幻想中是在为父母制造美妙的礼物,在如此基本的模式之上建立起来的,是成年人在自愿开展的活动中取得成就的能力。

我在第七章提到过一位患有心因性耳聋的病人,她在分析中向我讲述了好几个梦，梦以许多方式表达了她成为众人焦点这一被压抑的愿望。她当时在现实中非常害羞，经常自我审视。在她做这些梦的日子里，她注意到自己无法走进公共餐厅，如果可以的话，她宁愿独自吃饭。在分析中，对过度的暴露的需要得到了缓和，因为它的成因被理解了。结果是，自然的冲动找到了满足的途径，在之后的那些年里，她能坦然地站在讲台上，毫无困难地面对一整个班级的成年的学生。

在我呈现的"做过分析"的人的"展示性"的梦中，原始的冲动被认出和接纳了，情感是愉快的。这些梦无意识地升华为在同伴面前生动有趣的谈话。

做了俄狄浦斯式的梦之后，"做过分析"的人不会体验到扰人的冲突，而如果这个人没有做过分析，尤其是在没有满意的爱情生活或升华性的工作的情况下，这类冲突就会以某种方式出现。从我们给出的例子中可以清晰地看到，尽管无意识的婴儿期愿望是不可摧毁的，但在现实中实现这些愿望的婴儿期的要求——把代表父母的两个人真实地分开——不仅变得没那么迫切了，而且已经被放弃。想为父亲生一个孩子的愿望也得到了升华。在讲完她的梦后，她马上就提到了自己写完的文章，且编辑有望接受它，这清晰地表明了能量的疏通如何导向婴儿期愿望的象征性满足，这种满足可以与自我理想和现实相容。

我对这些梦的评论让我立即想到了"做过分析"的人和"未经分析"的人的梦在总体特征上的区别，以及产生这些区别的原因。

在分析前大量做梦的人，在"做过分析"之后会注意到他们的梦极大地减少了。完全不做梦（也就是说，不记得梦）或者很少记得梦的人，会发现在分析期间以及分析之后，梦变得更容易被觉察。大量地做梦表明有许多未被解决的内部冲突。这些梦是解决它们的尝试。相反，梦的完全缺席则表明心理机制的运作有一些缺陷。"做过分析"的人能在梦中找到他们在生活中难免要经历的焦虑和情绪困扰的关键点，因为借助这些梦，他们能把外部干扰事件与无意识冲动、欲望和幻想对应起来，从而能更恰当地控制和处理与之相关联的情绪。"做过分析"的人很少会经历焦虑的梦。噩梦以及用动物代表梦者的动物性的梦也很少会出现。

"做过分析"的人不会经历重复的梦，也不会做一长串的、用事物的局部代表身体的部分的梦。与分析前相比，梦在整体上倾向于变得更短；冗长复杂的梦以及非常美好的梦也是罕见的。这主要是因为分析让人更能在现实中获得更大满足，无论是直接的本能满足还是升华。因此，一个基本上只在梦里取得成就而不在现实中执行的人，也许会失去夜间愉快的梦，却注意到他在现实中进行实际工作的抑制被解除了。

我已经指出了在接受精神分析前后，人们体验到的梦的主要区别。"未经分析"的人的梦与"正常"人的梦是类似的。

我心中"正常"的大致标准是，能过一种让爱、工作和娱乐都有一席之地的平凡生活。但这一粗略的标准囊括了不同程度的心理稳定。在受到外部灾难的威胁时，最稳定的人也会体验到心理压力，压力会表现在不安的梦中。心理不够稳定的正常人更容易做噩梦，或反复出现焦虑的梦。它们会在清醒的时段造成令人不愉快的情感。这些梦经常会被归咎于前一晚的晚餐，白天感受到的不愉快的情感则会被归咎于（也就是说，被合理化为）现实中发生的一些小事。

正常人的"郁闷""坏脾气""不耐烦"，以及"闷闷不乐"，与那些认为自己有心理疾病的人的神经症有着同样的起源。

"正常"人的梦极少像我引用的"做过分析"的人的梦那样未经掩饰。梦的形成的法则产生的显梦内容会成功地伪装梦的真正源头。

梦的分析涉及对外显内容的拆解，这是为了抵达自我所否认的情绪和记忆。凝缩会被详细阐明，通过对一些元素——情感从它们这里被移置走了——的发现，情感被释放，象征被揭露，被压抑的记忆和幻想重见天日。尽管这个技术叫作"分析"，与之相关联的治疗又叫作"精神分析"，但我们也一定不能忽视这一事实，即正是"分析"启动了与之相应的综合。这两者密不可分。精神中的机制会将无意识心理材料铸造成可以呈现的形式，这是与生俱来的心理过程。它们不可能被专业的分析干扰。对梦的内容的分析，对情感的释放，以及对意识的理解，都让这些先天的过程得以在更广阔的心理生活轨道上运作，从而有利于现实中的心理自我。只有通过对外部世界进行有效的移置和象征化，升华才是可能的。在精神分析过程中对梦进行拆解，是允许内在心理力量生成新的综合的程序。把这个技术称作"精神分析"，我们便把重点放在了从业者的技艺上。然而，我们都心照不宣地知道，新的综合是由心灵自身内部的力量生成的。痊愈的动力就在其中。通过分析，从业者解除了遏制痊愈之力的东西。

第十章 "最终"的梦

我希望把现实中最后的一个梦作为本书"最终"的梦记录下来。说它是最后的，是因为它是由一个女人在去世三天前讲述的。讲完这个梦后，她没有再醒来。她身体上的痛苦主要是长期病痛所致。她的梦是这样的："我看到我所有的病痛都聚拢在一起，当我望向它们，它们不再是病痛，而是玫瑰。我知道玫瑰会被种下，它们会生长。"

我只想简短地评论这个"最终"的梦，因为精神分析师根据他们一般性的和独到的见解，可以轻易从外显内容看出它的含义。

与其用解释来结束这本书，我还是谈一谈我们在精神分析实践中的信念的基础，以此收尾。

做了上述这个梦的女性已经八十一岁了。她在漫长的一生中遭受过许多变故，其中的任何一件事都能让性情没那么稳定的人陷入绝望，而她的精神能量没有遭到削弱。她在年老之际仍然享有年轻人的热忱，任何有望在未来给人类创造出更公平、更美好的条件的活动，她都发自内心地向往，其中也包括精神分析。这个梦揭示了不灭的希望之源，它支撑了梦者的生活，也是她面对死亡时的慰藉。

唯有爱神厄洛斯（Erōs）知道玫瑰会被种下且生长。

附录 本书记述的梦的清单

梦	关注点
"音乐"	修辞手法。愿望在剥夺中达成。
"一块绸缎"	诗歌措辞中的转喻手法。从人到与此人相关的物的移置。
"沙滩椅"	移置（转喻）。
"K.OH"与"S.O.S"	拟声。
"庭院"	发音的相似。
"对食物的感觉"	被压抑的"触摸"经历。
"一块被切的西冷牛排"	儿童根据"先生"这一称呼进行的推测。
"这顿饭结束了"	"结束"的最初含义，即烦乱。
"蝙蝠"	对童年流感期间焦虑神经症的追溯。"流感"一词对儿童的含义。
"有海象龙头的灯塔船"	凝缩。
"在 X 地游泳"	抵消了焦虑的移置。
"看见女人站在窗边"	通过颠倒实现的移置。
"打保龄球"	移置。
"带斑点的面纱"	从对象移置到遮盖物上的情感。

"莫尔道河"　　　　　　不愉快的记忆，以及被愉快的记忆
　　　　　　　　　　　补偿的情感。被揭示的愿望。刚达
　　　　　　　　　　　成的次级加工。

"婴儿拖鞋"　　　　　　局部指代整体的机制。提喻手法。
"坠落的危险"　　　　　身体经历的象征，勃起，消肿，排便。
"休斯的孩子"　　　　　双关语。颠倒机制。
"银色的纸球"　　　　　凝缩与移置。
"火车"　　　　　　　　象征。
"达夫妮"　　　　　　　矛盾的情感。与死亡愿望的冲突。
　　　　　　　　　　　毁灭与重生的全能欲望。
"凤头鹦鹉"　　　　　　对心灵不同部分的戏剧化。
"另一栋房子"　　　　　向"另一栋房子"投射以掌控焦虑，
　　　　　　　　　　　即身体的象征。
"巫师"　　　　　　　　刺激物对梦的价值。
"高跷"　　　　　　　　被压抑的童年创伤向分析师的转移。
"对着银幕表演"　　　　对原初场景的记录，由眼睛和耳朵
　　　　　　　　　　　记录。
"成功的性交"　　　　　引出潜在思想的价值。
"在婴儿车中"　　　　　该愿望的含义。
"停滞的机车引擎"　　　一个心因性耳聋女孩的第一个梦。
"便利的梦"　　　　　　睡眠中的身体体验。
"摘花"　　　　　　　　手淫行为。
"我在奔跑"　　　　　　被压抑的婴儿期经历，在看着父亲

撒尿的时候排尿。

"静止但又移动"　　　　排尿的体验。

"洪水涌进房间"　　　　与排尿和出生体验相关的焦虑。

"在电梯里"　　　　　　身体体验的记录。

"车驶入车库"　　　　　被压抑的童年经历。

"被擦拭的通道"　　　　早期耳部疾病的经历。

"床位分配的困难"　　　被压抑了的婴儿期弄脏父母床铺的
　　　　　　　　　　　经历。

"五天夫妻"　　　　　　揭示婚后无性交的性游戏，因此不
　　　　　　　　　　　太可能繁育。

"福克斯通"　　　　　　揭示了一个特殊情况下的童年时期
　　　　　　　　　　　的俄狄浦斯愿望。

"被黑色遮掩的女人"　　被压抑的记忆，儿童 / 婴儿期被女
　　　　　　　　　　　性身体唤起的攻击性导致的焦虑。

"也想要红酒"　　　　　口欲期背景下的俄狄浦斯场景。

"在教堂里"　　　　　　揭示了在婴儿期对新生儿，以及生
　　　　　　　　　　　下孩子的母亲的嫉妒。

"谱系表与乘法表"　　　对繁育幻想的移置。

"环游世界"　　　　　　在手淫的梦中对力量的幻想。隐藏
　　　　　　　　　　　的俄狄浦斯愿望。

"远洋邮轮与飞艇"　　　否认"现实"刺激的梦。

"高耸的建筑"　　　　　抵达意识的记忆。

"枕头下的圆形物件"　　解释成年后行为的被压抑的记忆。

"圣母之梦"　　　　　　幻想。

"英雄之梦"　　　　　　俄狄浦斯幻想。

"动物园的饭"　　　　　当下的刺激物的价值。

"圣女"　　　　　　　　分析谈话中展现的视觉体验和内摄机制。

"谋杀"的梦　　　　　　身体的痛感提供了梦的含义。

"手表"的梦　　　　　　预示了"崩溃"以及部分的恢复。

"火"的梦　　　　　　　展示不同的心理机制以及精神状况的严重程度。

表现"筋疲力尽"的梦　　预示生理上的危机。

"海"和"深水"　　　　攻击性愿望导致的焦虑，以及在情绪压力下精神的韧性。

"在地面"的梦　　　　　表明分析工作的进展。

"表演"的梦

"海底房间"

"蜥蜴"

"酒吧"

"棉絮、线、头发"　　　展示心理再调整的梦。

"开车"

"调皮捣蛋的孩子"

"孩子尿在地上"　　　　调节超我的尝试。

"X 先生在疗养院"　　　内摄的向外投射，一个转换型癔症

	案例中的心理变化。
"爬上去又下来"	一个有依据的宽慰的梦。
"正在排泄的孩子"	
"展示裙子的孩子"	"做过分析"的人的婴孩类的梦不会引发否认与情感。
一个"俄狄浦斯"的梦	可供成年活动使用的活力。
"最终"的梦	爱的能力，创造的愿望，在现实中维持自我，面对死亡保持平静。

致　谢

感谢广州医科大学附属脑科医院、广州市心理卫生协会、法国EPFCL精神分析协会、法国巴黎圣安娜医院精神分析住院机构的鼎力支持，造就了如今朝气蓬勃的精神分析行知学派。

自2015年以来，弗朗索瓦丝·格罗格（Françoise Gorog）女士、让-雅克·格罗格（Jean-Jacques Gorog）先生、马蒂亚斯·格罗格（Mathias Gorog）先生、吕克·弗雪（Luc Faucher）先生等法国同事不远万里来到中国，萨拉·洛多维齐-斯鲁萨齐克（Sara Rodowicz-Ślusarczyk）女士、乔莫斯·维吉尔（Ciomos Virgil）先生、马内尔·雷博洛（Manel Rebollo）先生等欧洲同仁通过线上研讨会，持续地为我们提供理论教学和临床训练，感谢他们的辛勤付出。

感谢广州医科大学附属脑科医院的各位领导，尤其是临床心理科的主管院长何红波先生，临床心理科的彭红军先生、郭扬波先生、徐文军先生以及各位同事。他们既从政策上支持着精神分析行知学派的发展，又为我们提供了许多宝贵的建议。

最后，感谢精神分析行知学派的同事、成员。能和大家一起为拉康派精神分析并肩作战，不胜荣幸。可以说，没有大家的共同努力，就没有眼前的"拉康派行知丛书"。